山西省红枣协会　组织编写

枣树良种与高效栽培实用技术

山西省柳林县林业局　山西省红枣协会　编

张志善　高海平　主编

中国林业出版社

图书在版编目(CIP)数据

枣树良种与高效栽培实用技术/张志善,高海平主编. —北京:中国林业出版社,2018.11

ISBN 978-7-5038-9878-5

Ⅰ.①枣… Ⅱ.①张… ②高… Ⅲ.①枣-选择育种 ②枣-果树园艺 Ⅳ.①S665.1

中国版本图书馆 CIP 数据核字(2018)第 273200 号

出版　中国林业出版社(100009　北京西城区刘海胡同 7 号)
　　　http://lycb.forestry.gov.cn
　　　E-mail　forestbook@163.com　电话　010-83143515
印刷　北京中科印刷有限公司
版次　2019 年 1 月第 1 版
印次　2019 年 1 月第 1 次
开本　710mm×1000mm　1/16
印张　12.5　　彩插 16 面
字数　245 千字
定价　50.00 元

《枣树良种与高效栽培实用技术》

编 写 组

顾　问	白　凯
主　编	张志善　高海平
编　著	杜海旺　张　锐　张　敏　韩建国　郭绍仙
	康振奎　张丕忠
插　图	郑玉明
摄　影	张志善

主编简介

张志善,男,1934年出生,中共党员,研究员。1955年参加工作,1977年退休。曾任山西农科院果树研究所副书记,国家枣种植圃课题主持人,山西农科院园艺研究所书记兼副所长,山西园艺学会常务理事和副秘书长,山西枣企业联合会专家组组长,山西扶贫开发协会常务副会长,山西红枣协会会长,中国园艺学会干果分会常务理事,中国经济林学会理事和专家委员会委员,中国林学会枣协会秘书长,中国枣网专家委员会副主任,原国家科委红枣专家咨询组副组长,首届中国枣业十大影响人物,中国干果经济林特殊贡献人物。发表以枣为主的科研论文和科普文章40多篇,主编和参编以枣为主的著作20余本,获省部级科技进步一等奖三项,二等奖二项,三等奖一项。

高海平,男,1962年出生,中共党员。现任柳林县林业局总工程师,从事红枣技术推广与指导工作三十余年。曾担任《吕梁山区枣树防裂高效栽培技术推广示范》等多个国家财政项目的实地指导,参与"柳林红枣综合管理示范项目方案制定与技术指导"获得山西省科技进步一等奖。主持柳林县红枣综合丰产管理技术推广项目获吕梁市农村技术承包一等奖,曾多次被授予柳林县先进科技工作者。

序

  枣树是原产我国的特色优势果树，枣果是我国著名的干果、木本粮食和药食同源果品，枣产业是我国山沙碱旱地区精准扶贫和实现经济与生态协调发展的重要抓手产业，并将在我国一带一路建设和农产品出口创汇中发挥重要作用。

  张志善先生是首届中国枣业十大影响人物和干果产业突出贡献人物。张先生从事枣树科研和技术推广工作已有50余年，特别是在1997年退休后的20多年，退而不休，一直活跃在枣树新技术示范推广第一线。张先生在枣树品种资源、良种选育和栽培技术研究上成果丰硕，在新品种新技术示范推广方面经验十分丰富。张先生倾心枣业奉献枣业的情怀和老骥伏枥壮心不已的精神让我感动、令我钦佩。

  《枣树良种与高效栽培实用技术》一书是85岁高龄的张志善先生50多年枣树科研成果的结晶，同时也是张先生和其他几位枣业生产和技术服务一线科技人员集成先进技术、总结生产经验的最新成果。该书系统介绍了我国枣树的栽培历史、生产和发展概况、生物学特性、名优新品种、高效栽培及鲜枣贮藏和枣果加工技术等，并提供了周年管理历、枣果等级标准等一些重要的附录资料。该书介绍的技术先进实用，提供的资料新颖翔实，其中不少珍贵数据是作者亲自调查从未发表过的。该书对于从事枣业科研、生产、营销和管理的人员具有重要的参考价值。

刘孟军
2018年5月20日

前　言

　　枣树原产我国,起源于黄河中游晋陕峡谷地带,由野生酸枣演进而来,文献记载有3000多年的历史,考古资料表明有7000多年的历史,是我国最为古老和最具特色的落叶果树之一。有关资料报道,目前全世界五大洲40多个国家和地区,在不同的历史时期,通过直接和间接的途径,引进了我国的枣树资源。但至今为止,除韩国有一定规模的经济栽培外,其他国家和地区还未形成规模化栽培,我国仍是世界枣的主要生产国和唯一出口国,98%以上的枣产于我国。业内有关人士分析,今后相当长的时期内,我国枣业仍具有良好的发展前景。

　　枣树结果早,盛果期和寿命长,栽培容易,抗逆性和适应性强,枣果营养丰富,用途广,自古以来,深受广大人民群众的喜爱,被群众美称为"木本粮食"和"铁杆庄稼",是枣区人民的摇钱树和绿色银行。重点枣区,枣的收入占当地经济总收入的80%以上,已成为当地的优势产业和农民群众的主要经济来源。因地制宜发展枣树产业,对繁荣农村经济,增加农民收入,改善生态环境,促进新农村建设,实现小康目标,具有重要的现实意义和深远的历史意义。

　　党的十一届三中全会之后,特别是20世纪90年代以来,在党的富民政策指引下,极大地调动了广大枣农发展枣树的积极性,枣树在全国范围内,特别是中西部地区有了快速的发展。据有关资料报道,至2006年,全国枣树种植面积超过150万公顷,全国鲜枣产量达到305万吨以上。

　　我国枣业虽然有快速的发展,取得了很大的成绩,但还存在着不少问题,有些枣区有一定的盲目性,缺乏科学合理的规划,品种结构不合理,普遍存在重栽轻管现象,有相当多的枣树栽培管理极其粗放,病虫害极其严重,导致单产很低,质量很差,效益不高或没有效益。近年来北方大部分枣区,枣果成熟季节遇到天气下雨,枣果发生裂果腐烂,丰产不能丰收,严重年份几乎绝产,给枣树生产造成极大的损失,严重挫伤枣农的积极性,有不少枣农放弃管理,有的枣区出现了刨树现象。此外,鲜枣贮藏保鲜,虽有一定进展,但还未真正过关,枣果功能保健型深加工产品还不多,枣产品外销出口量较少,枣树应有的生产能力和功能保健特色还未能充分发挥出来。

　　为了适应枣树生产、发展和国内外市场对优质枣产品的需求,进一步开发利用枣树名优品种资源,更好的发挥枣树应有的生产能力,提高枣树生产效益,促进枣业健康发展。我们以多年从事枣树科研和生产实践中积累的第一手资料为基础,并参考了已公开出版和未公开发表的有关资料,在山西省柳林县林业局和山西省红枣协会的重视和大力支持下，编写了《枣树良种与高效栽培实用技术》。本书重点反映了我国枣树栽培历史，生产和发展概况，枣树生物学特性，枣树和酸枣名优品种，枣树高效栽培实用技术，鲜枣贮藏和枣果加工等实用技术，本着科学实用的原则，进行了论述，以供广大的枣农群众和枣业界有关人员参考。由于时间、水平和占有资料所限，书中遗漏和缺点在所难免，恳请读者批评指正。

编著者
2018 年 5 月 10 日

1984年8月山西省副省长郭裕怀（右）陪同农业部部长何康（中）视察山西省农科院果树研究所国家枣种质资源圃听取作者张志善（左）技术汇报

2009年9月新疆若羌县县委张亚平书记（前排右）陪同张志善研究员（前排左）考察若羌枣园

陕西师范大学陈锦屏教授考察山西临猗县庙上乡冬枣生产基地

枣树专家彭士琪教授（右）、续九如教授（中）、张志善研究员（左）2007年9月考察新疆阿克苏枣园留影

枣树专家刘孟军教授（右1）等考察山东省庆云县树龄1300多年的全国最古老枣树

山西省红枣协会常务副会长白凯先生（左2）等考察山西省临猗县冬枣示范园

作者张志善在山西省农业科学院果树研究所国家枣种质资源圃考察留念

作者张志善在山西省晋中市榆次区考察枣果套袋防裂果留影

2016年9月，张志善研究员（右1）在柳林县三交镇大棚枣园进行技术指导

作者张志善在全国枣主产区协作组成立大会上进行学术交流

山西省运城市盐湖区枣农进行枣树夏季抹芽

山西省吕梁市电视台在该市临县克虎镇黄河岸边枣园进行采访

山西柳林县高家塔村唐代牙枣树

山西柳林县高家塔村相传唐代牙枣结果树

山西柳林县高家塔村相传唐代主干开裂的牙枣树

山西吕梁黄土高原枣树分布

山西柳林县黄土高原坡耕地枣园

山西柳林县黄河岸边沙土地枣园

陕西清涧县黄河岸边30°左右坡耕地相枣园

山西临猗县庙上乡冬枣密植丰产示范园

山东沾化县下洼镇冬枣丰产树

赞皇大枣结果树

国家枣种植资源圃丰产树

中阳木枣开张形结果树

单轴主干形结果枣树

冬枣结果状

临猗梨枣木质化枣吊坐果状

蛤蟆枣木质化枣吊结果状

蜂蜜罐枣结果状

冷白玉枣结果状

大王枣木质化枣吊结果状

大王枣当年枣头二次枝结果状

赞皇大枣结果状

壶瓶枣结果状

柳林牙枣结果状

新疆若羌县灰枣结果状(树上已半干)

中阳木枣结果状

抗裂果木枣1号结果状

鸡心大酸枣结果状

临猗梨枣果实

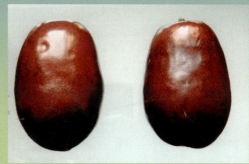
骏枣果实

狗头枣果实

四洪沙枣果实

相枣果实

葫芦枣果实

茶壶枣果实

一个花序结 4 个果

千年生老枣树主干上潜伏主芽萌生的枣头

成龄枣树主干上潜伏的副芽萌生的枣吊结果状

山西吕梁黄土高原放弃管理的撂荒枣园

栽植后未进行过修剪的枣树

板枣丰产示范园秋耕枣园

老龄枣树更新复壮

成龄枣树主干更新第二年结果状

枣树拉枝开角

枣树夏季修剪下的无用枣头

河南新郑灰枣列枣树

黄土高原枣园间作花生

黄土高原枣园间作黄豆

黄土高原枣园间作谷子

枣园间作油菜

枣园间作甜瓜　　　　　　　　枣园间作灰子白

枣果黑斑病危害状

壶瓶枣下雨裂果状

枣疯病树

枣树防裂果雨棚

枣果套袋防裂果枣吊

枣黏虫危害状

粘虫胶粘杀枣黏虫等害虫

太阳能杀虫灯

枣树主干涂白

山西临猗冬枣钢架大棚温室

枣树盆景休眠期

山西临猗冬枣竹杆大棚温室

枣树盆景枣果生育期

枣果烘烤制干

枣文化

枣木工艺品

枣核大小与形状

枣园花期放蜂，促进授粉

枣树枣股老化

目　　录

序
前　言

第一章　枣树栽培历史、地理分布和生产概况 …………………… 1
　第一节　枣树栽培历史 …………………………………………… 1
　第二节　枣树地理分布和生产概况 ……………………………… 1
第二章　枣树主要特点及发展红枣产业的重要意义 ……………… 5
　第一节　枣树主要特点 …………………………………………… 5
　　一、盛果期和寿命长 …………………………………………… 6
　　二、抗逆性强，适应性广 ……………………………………… 9
　　三、营养价值高 ………………………………………………… 9
　　四、枣用途广 …………………………………………………… 10
　　五、其他特点 …………………………………………………… 11
　第二节　发展红枣产业的重要意义 ……………………………… 11
第三章　枣树生物学特征 …………………………………………… 14
　第一节　枣树形态特征 …………………………………………… 14
　　一、根 …………………………………………………………… 14
　　二、芽 …………………………………………………………… 14
　　三、枝 …………………………………………………………… 15
　　四、叶 …………………………………………………………… 19
　　五、花 …………………………………………………………… 19
　　六、果　实 ……………………………………………………… 20
　　七、果　核 ……………………………………………………… 23
　第二节　枣树物候期和年龄时期 ………………………………… 23
　　一、枣树物候期 ………………………………………………… 23
　　二、枣树年龄时期 ……………………………………………… 24
　第三节　环境条件与枣树生长结果的关系 ……………………… 24
　　一、气温的影响 ………………………………………………… 25
　　二、降水量的影响 ……………………………………………… 25
　　三、光照的影响 ………………………………………………… 28

四、风的影响 …………………………………………… 28
五、地势和土壤影响 …………………………………… 29

第四章 枣树品种资源与名优品种(含酸枣) …………… 30
第一节 枣树品种资源概况 ………………………………… 30
第二节 枣树品种的分类 …………………………………… 30
第三节 各省(自治区、直辖市)枣树主栽品种和名优品种 …… 31
第四节 枣树名优品种的开发利用 ………………………… 32
一、在生产上的开发利用 ……………………………… 32
二、在品种选优上的开发利用 ………………………… 33
第五节 枣树名优品种介绍(含酸枣) ……………………… 33
一、地方传统名优品种 ………………………………… 34
二、新审(认)定和鉴定名优品种 ……………………… 63
三、酸枣名优品种 ……………………………………… 80
第六节 高接换种,改良品种 ……………………………… 84
一、高接换种的意义 …………………………………… 84
二、高接换种的要领 …………………………………… 85
三、高接换种的时期和方法 …………………………… 85
四、高接后的管理 ……………………………………… 86

第五章 枣树高效栽培实用技术 ………………………… 87
第一节 土肥水管理 ………………………………………… 87
一、土壤管理 …………………………………………… 87
二、枣树施肥 …………………………………………… 89
三、枣树浇水和水土保持 ……………………………… 92
第二节 整形修剪 …………………………………………… 94
一、主要存在问题 ……………………………………… 95
二、整形修剪的原则 …………………………………… 95
三、整形修剪的方法 …………………………………… 97
第三节 花期管理 …………………………………………… 101
一、花期管理的重要性 ………………………………… 101
二、花期管理技术措施 ………………………………… 102
第四节 主要病虫害防治 …………………………………… 112
一、存在问题 …………………………………………… 112
二、枣树病虫害的综合防治 …………………………… 113
三、主要病害防治 ……………………………………… 116

四、主要虫害防治 ································· 122
第六章　枣果的采收、贮藏与加工 ··················· 136
　第一节　枣果的采收 ································ 136
　　一、采收时期 ····································· 136
　　二、采收方法 ····································· 137
　第二节　枣果的贮藏 ································ 138
　　一、鲜枣的贮藏 ··································· 138
　　二、干枣贮藏 ····································· 144
　第三节　枣果加工 ·································· 145
　　一、免洗干枣 ····································· 145
　　二、枣饮料 ······································· 148
　　三、蜜饯类 ······································· 151
　　四、枣　酱 ······································· 152
　　五、枣　酒 ······································· 153
　　六、枣　醋 ······································· 155
　　七、醉　枣 ······································· 157
第七章　枣产品营销 ·································· 158
　第一节　产品营销的重要性 ·························· 158
　第二节　枣产品营销状况 ···························· 158
　　一、专业市场销售 ································· 158
　　二、枣农自己销售 ································· 159
　　三、加工企业和经销商销售 ························· 159
　　四、互联网络销售 ································· 159
　第三节　存在问题 ·································· 160
　　一、市场不健全，不规范 ··························· 160
　　二、产品质量有待提高 ····························· 160
　　三、鲜枣贮藏和枣的深加工差距较大 ················· 160
　　四、宣传不够、外销量不多 ························· 160
　　五、品牌效应有待提高 ····························· 161
　第四节　市场预测 ·································· 161
　第五节　营销策略 ·································· 161
　　一、实施无公害栽培，生产安全枣产品 ··············· 161
　　二、建设红枣规范市场 ····························· 162
　　三、建立联合组织，适应市场需求 ··················· 163

四、提高产品质量,开拓国际市场……………………………………163
附　录………………………………………………………………………165
　　一、枣树无公害高效栽培实用技术周年管理历 ……………………165
　　二、枣树无公害生产主要病虫害常用农药 …………………………167
　　三、枣树无公害生产主要病虫害对症用药 …………………………168
　　四、国家禁止使用的化学农药 ………………………………………168
　　五、国家不再核准登记的部分农药 …………………………………168
　　六、石硫合剂、波尔多液和涂白剂的配置……………………………169
　　七、石硫合剂原液稀释倍数表 ………………………………………170
　　八、大红枣等级规格质量国家标准(GB5835—1986) ……………170
　　九、小红枣等级规格质量国家标准(GB5836—1986) ……………171
参考文献……………………………………………………………………172

第一章　枣树栽培历史、地理分布和生产概况

第一节　枣树栽培历史

枣树是我国栽培历史最悠久的落叶果树之一，早在公元前10世纪的古书《诗经》中就有"八月剥枣，十月获稻"的文字记载；在公元600年前的古书《尔雅》中，有洗，大枣，今河东猗氏县出大枣，子如鸡卵的记载，并记载有11个品种。河东猗氏县即当今的山西省运城市临猗县。战国时期，枣的栽培区域和栽培规模不断广大，据《战国策》古书记载，苏秦说燕文侯曰："北有枣栗之利，民虽不由佃作，枣栗之实，足实于民。"枣树在当时已成为重要的木本粮食植物。汉代以后，枣树栽培规模继续扩大，栽培区域不断向四周扩展，公元前1~2世纪《史记·货殖列传》有"安邑千树枣，此其人与千户侯"等的记载。古时安邑即当今山西省运城市盐湖区安邑，由此证明，早在2000年前，黄河中游山西南部运城一带，枣树已有集中连片的规模栽培，而且已成为具有较高经济效益的树种。我国考古工作者先后在山东临沂、甘肃武威、湖南长沙、湖北随州、广东广州、新疆吐鲁番等地古墓中发掘出枣核和干枣遗迹，表明在汉代我国枣栽培区域已普及南北各地。据中华书局出版的第八卷《山西通志·农业志》中记载，1935年干鲜果株数产量统计，全省干鲜果株数377万株，总产量11.8万吨，其中枣树184万株，总产量4万吨，枣树的株数和产量分别占48.85%和34.35%，枣树的株数和产量均居各类干鲜果的首位。历史上，枣树是山西栽培最多和最好的果树。日本侵华期间，实行惨无人性的"三光政策"，枣树遭到极大的破坏。

1978年在河南密县获沟北岗新石器时代遗址发掘出碳化枣核和干枣，经考古专家鉴定，碳化枣核同华枣核相似，测定表明，我国枣树栽培历史已有7000多年，比古文献记载，向前推移了4000多年。说明早在7000年前我们的祖先就利用枣果了。证明枣树是我国最古老的栽培果树之一。

第二节　枣树地理分布和生产概况

枣树的抗逆性和适应性很强，在全国分布很广，除黑龙江、吉林严寒地区外，

其他省(自治区、直辖市)都有枣树的分布和栽培。东起辽宁本溪和熊岳,西至新疆喀什,南到广东连州和广西平南,北到内蒙古大青山南麓,分布地域北纬19°~124°,东经76°~124°的广大范围。其垂直分布主产区黄河中下游大部分在海拔1200米以下,低纬度的云贵高原可达海拔2000米以上。在广阔的分布区域内,黄河中下游山西、陕西、河南、河北、山东5省栽培最集中,是全国枣的主要生产基地。党的十一届三中全会后,枣树在全国范围内都有较快的发展,栽培面积迅速扩大,枣的产量大幅度提高,据林业部统计,到1990年,全国19个省(自治区、直辖市),鲜枣产量达42.3万吨,其中河北、山东、陕西、河南、山西5省的鲜枣产量约37万吨,占全国总产量的87.55%,全国有44个县(县级市、区)鲜枣产量在2500吨以上(表1-1、表1-2)。

表1-1　1990年19个省(自治区、直辖市)的鲜枣产量

地区	鲜枣产量(吨)	占总产量(%)	产量次序
河北	122889	29.04	1
山东	91889	21.69	2
山西	68269	16.13	3
河南	53524	12.65	4
陕西	33953	8.02	5
甘肃	12379	2.92	6
湖南	8755	2.07	7
安徽	6669	1.58	8
浙江	4241	1.00	9
广西	4004	0.95	10
天津	3622	0.86	11
湖北	3578	0.85	12
江西	3113	0.74	13
江苏	1877	0.44	14
贵州	1443	0.34	15
新疆	1229	0.29	16
北京	881	0.20	17
宁夏	588	0.14	18
云南	407	0.09	19
总计	423222	100	

资料来源:中华人民共和国林业部。

表1-2 1990年全国44个年产鲜枣2500吨以上的县与县级市

省份	县(县级市、区)	鲜枣产量(吨)	产量次序
河南	内黄县	35000	1
山西	临县	30000	2
山东	无棣县	24369	3
陕西	清涧县	18800	4
河北	献县	12956	5
山西	柳林县	12500	6
陕西	彬县	12500	6
山东	乐陵市	12500	6
陕西	大荔县	11000	7
河北	阜平县	10192	8
河北	泊头市	8813	9
山东	庆云县	7646	10
河南	新郑市	7600	11
河北	沧县	7125	12
山西	芮城县	6675	13
山西	兴县	6500	14
山西	石楼县	6450	15
山东	齐河县	6000	16
河南	西华县	5400	17
山东	宁津县	5000	18
山东	陵县	5000	18
河南	浚县	5000	18
河北	行康县	4665	19
河北	大名县	4552	20
河北	武邑县	4267	21
山东	宁阳县	4203	22
河南	中牟县	4100	23
河北	冀州市	3913	24
山东	商河县	3681	25
山西	原平市	3605	26
河北	南皮县	3525	27
山西	永和县	3500	28

(续)

省　名	县(县级市)	鲜枣产量(吨)	产量次序
河北	盐山县	3500	28
	赞皇县	3406	29
	曲阳县	3282	30
山东	单县	3150	31
山西	榆次区	3062	32
河北	肥乡县	3056	33
甘肃	宁县	3056	33
山东	禹城市	3000	34
河南	濮阳县	2936	35
山西	稷山县	2700	36
山东	薛城区	2582	37
	茌平县	2582	38

资料来源：中华人民共和国林业部。

20世纪90年代，国家提出了农业产业结构调整的政策和西部大开发的战略决策，极大地激发了全国范围内发展枣树的积极性，特别是中西部地区出现了发展枣产业的高潮。山西省提出到2010年全省枣树发展到53.33万公顷的规划；吕梁市把枣产业列为龙头产业来建设；临汾市在平原26.67万公顷的耕地中，50%发展枣粮间作，其中永和县提出人均百株枣的发展规划。山东省乐陵市全市6.8万公顷耕地全部实施枣粮间作。陕西省清涧县规划发展6.7万公顷枣树(100万亩)；佳县也规划发展6.7万公顷枣树，并提出让红枣红遍佳县。山西省临县有50万农业人口，县委和政府响亮的提出："小康道路哪里找，人均发展2亩枣"，把小康希望寄托在枣产业上。据林业部统计，到2000年全国枣树栽培面积94.93万公顷，其中山西29.2万公顷，河北18.6万公顷，陕西14.2万公顷，山东11.93万公顷，河南6.6万公顷。已结果的枣树面积53.27万公顷，鲜枣产量153万吨，每公顷平均产鲜枣2872千克。

进入21世纪以来，北方红枣主产区，由于多种原因，枣树发展缓慢，有的地区面积甚至在缩小。新疆维吾尔自治区发展力度很大，目前枣树栽培面积在49万公顷以上，跃居全国首位，仅阿克苏地区枣树面积达10万公顷以上。有关资料报道，目前全国枣树面积约150万公顷，据《中国农业年鉴》统计资料，到2006年，全国鲜枣产量为3052860吨，比1973年395765吨增长了6.71倍。其中河北、山东、山西、河南、陕西5省总产2179063吨，占全国的86.56%。

第二章 枣树主要特点及发展红枣产业的重要意义

第一节 枣树主要特点

枣树是北方落叶果树中结果最早的一种果树。据调查,根蘖苗有的品种(品种之间有差异)当年就能少量结果,枣区群众广泛流传着"桃三杏四梨五年,枣树当年就还钱""枣树不识小,离开地皮就结果"等农谚。枣树嫁接苗,大部分品种当年就可少量结果,其结果株率和结果多少品种之间有差异。陕西省清涧县洲洋公司1999年春在1年生酸枣砧木上嫁接26个枣品种接穗,接穗为1年生枣头一次枝,其中梨枣是枣头二次枝,据调查,有25个品种当年都结了果(表2-1)。

表2-1 26个品种1年生酸枣砧嫁接苗结果情况

序号	品种	调查树(株)	结果数(株)	结果株率(%)	结果果数(个)	株均果数(个)	株最多果数(个)
1	尖枣	30	29	96.67	344	11.46	51
2	三变红	22	19	86.36	292	13.27	35
3	相枣	12	10	83.33	135	11.25	34
4	漠漠枣	28	23	82.14	165	5.89	24
5	大白枣	31	24	77.42	147	4.74	20
6	胎里红	16	12	75.00	109	6.81	21
7	湖南鸡蛋枣	13	9	69.23	63	4.85	14
8	中阳木枣	31	20	64.52	164	5.29	73
9	临汾团枣	14	9	64.29	175	12.50	35
10	雪枣	30	19	63.33	156	5.20	26
11	大荔龙枣	32	20	62.5	178	5.56	24
12	临猗梨枣	31	18	58.06	114	3.86	14
13	圆铃	21	12	57.14	57	2.71	13
14	赞皇大枣	35	17	48.57	129	3.6952	

(续)

序号	品　种	调查树（株）	结果数（株）	结果株率（%）	结果果数（个）	株均果数（个）	株最多果数（个）
15	奉节鸡蛋枣	29	13	44.83	37	1.28	11
16	骏　枣	35	15	42.86	25	0.7	4
17	孔府酥脆枣	12	5	41.67	34	2.83	27
18	金丝小枣	36	14	38.89	41	1.14	8
19	羊奶枣	23	6	26.09	27	1.17	9
20	晋　枣	30	5	16.67	11	0.36	4
21	七月鲜	6	1	16.67	10	1.67	10
22	龙　枣	25	4	16.00	4	0.16	1
23	蛤蟆枣	30	4	13.33	23	0.77	10
24	襄汾圆枣	25	2	8.00	2	0.08	1
25	冬　枣	25	2	8.00	2	0.08	1
26	泡泡枣	25	0	0	0	0	0

从表2-1中看出，生态环境、管理条件相同，嫁接品种不同，当年结果情况差异很大。尖枣、三变红、相枣、漠漠枣4个品种，结果株率达80%以上，其中尖枣结果株率高达95%以上；大白枣、胎里红、湖南鸡蛋枣、中阳木枣、临汾团枣、雪枣、大荔龙枣7个品种，结果株率占60%～80%；临猗梨枣、圆铃、赞皇大枣、奉节鸡蛋枣、骏枣、孔府酥脆枣6个品种，结果株率占40%～60%；金丝小枣、羊奶枣2个品种，结果株率占20%～40%；晋枣、七月鲜、龙枣、蛤蟆枣、襄汾圆枣、冬枣、泡泡枣7个品种，结果株率低于20%，其中襄汾圆枣和冬枣，结果株率不到10%，泡泡枣为0。还可以看出，同一品种，株间结果情况差异很大，可能与砧木和接穗质量影响有关。但总的看出，枣树早果性是很明显的，不同品种早果性是有差异的。

枣树不仅结果早，而且早丰性强。过去稀植枣园，在一般管理或粗放管理情况下，进入盛果期需要10年以上；采取矮密丰栽培技术，3～5年就可进入盛果期。山西省交城县林科所3年生梨枣矮密丰试验园，667平方米产鲜枣1391.5千克；山西省临猗县庙上乡山东庄村枣农黄小民，5年生梨枣密植丰产园，667平方米产鲜枣3500千克以上。新疆阿克苏天海绿洲5年生赞皇大枣密植试验园，667平方米产鲜枣2500千克以上。枣树的早丰性也与品种、管理条件有关，但只要管理到位，大部分品种5～6年就可进入盛果期。发展红枣产业，在较短的时期内就能获得较高的经济效益。

一、盛果期和寿命长

自然生长的稀植枣树，盛果期长达50年以上，其寿命长达数百年。全国有不少枣区,如山西五台、柳林、稷山、榆次、清徐,陕西佳县、清涧,山东庆云、无棣,河北交河、邢台和河南新郑等枣区,数百年生老龄枣树常见不鲜。山东省庆云县后张乡周尹村有一株 1300 多年生的老枣树,品种为躺枣,干径 1.05 米,树高 8 米多,树干内膛早已成空洞,至今仍能少量结果。陕西省佳县朱家坬乡泥河沟村有一片相传是唐代的老枣树林,品种为油枣,其中最大的一株,干周 3 米多,树冠完整,生长较旺盛,据户主介绍,每年可产鲜枣 50 千克以上。山西省五台县阳白乡郭家寨村有 48 株相传是唐代的老枣树,品种为棉枣,干周都在 2 米以上,其中 17 株干周为 2.5~3 米,8 株干周为 3~3.5 米,6 株干周 3.5~4 米,4 株干周 4 米以上(表 2-2)。在一般管理情况下,每年都有一定的产量。山西省柳林县孟门镇高家塔村,位于黄河岸边,在黄土丘陵山上,有 100 多株相传是唐代的老龄枣树,品种为牙枣,在一般管理情况下,都能结果,其中有的植株,树冠较高大而完整,丰年可产鲜枣 60 千克以上。

表 2-2　山西五台县 48 株古枣树生长结果情况

树号	干高（米）	干周（米）	树高（米）	东西管径（米）	南北管径（米）	主枝数（个）	鲜枣产量（千克）	备 注
1	1.30	3.06	9.85	11.10	8.70	2	10	
2	1.02	3.10	12.00	12.80	12.60	3	50	
3	0.65	3.24	12.70	11.80	12.80	5	35	
4	1.55	2.88	11.00	10.10	8.90	3	25	
5	1.40	3.90	12.70	10.00	11.10	4	40	
6	1.00	2.92	11.20	14.00	7.00	3	35	
7	1.20	4.12	12.70	10.10	16.80	4	40	
8	0.70	2.87	14.70	7.45	13.80	4	25	
9	1.90	2.38	11.00	7.30	8.05	3	20	
10	1.10	3.77	11.70	13.80	11.25	3	40	
11	0.80	3.92	11.20	16.50	12.20	3	55	
12	1.15	2.75	13.30	14.70	12.06	4	35	
13	0.65	2.94	9.80	13.90	12.10	2	40	
14	0.55	4.27	12.70	8.90	11.40	4	30	
15	1.70	3.07	11.70	7.90	13.65	2	20	
16	0.40	3.75	13.20	9.50	11.50	2	10	
17	1.50	2.83	12.70	11.50	12.60	2	40	
18	1.30	2.65	13.30	10.90	11.30	3	20	
19	1.10	2.80	11.70	11.70	11.20	4	20	

(续)

树号	干高（米）	干周（米）	树高（米）	东西管径（米）	南北管径（米）	主枝数（个）	鲜枣产量（千克）	备注
20	0.35	3.32	10.70	12.10	17.70	2	15	
21	1.20	2.30	12.20	13.38	10.85	2	20	
22	0.45	3.00	14.20	14.00	7.00	2	15	
23	0.50	2.88	14.30	16.17	10.10	2	25	
24	0.45	3.26	13.20	13.00	11.70	2	20	
25	1.35	2.23	11.70	12.20	5.20	3	5	
26	1.60	2.70	1220	13.10	11.20	4	25	
27	2.50	2.45	10.20	10.70	8.60	3	2	
28	0.80	2.33	12.20	6.00	8.80	3	10	
29	1.36	2.38	11.30	12.80	7.80	2	15	
30	1.30	2.34	11.70	7.00	7.00	3	5	1. 调查组由山西果树研究所枣课题组、忻州地区果树站和当地村干部组成。
31	1.44	2.35	12.20	10.90	13.50	3	20	
32	0.60	2.20	14.70	12.30	15.40	3	40	
33	1.30	2.56	12.80	12.40	8.94	3	35	
34	1.10	4.10	11.60	10.40	12.80	3	25	
35	2.27	3.10	9.70	12.10	3.00	3	7.5	2. 调查日期为1984年7月16日。
36	1.20	4.15	13.20	11.70	7.50	3	7.5	
37	2.55	3.67	14.20	12.20	10.10	3	30	
38	1.25	2.73	14.20	10.93	9.50	2	25	3. 鲜枣产量为估算数。
39	1.85	2.24	11.70	15.45	10.06	2	10	
40	1.60	2.52	13.20	10.00	7.40	3	20	
41	7.50	2.52	13.20	8.55	13.55	3	20	
42	1.90	2.15	9.70	8.00	11.50	3	15	
43	0.70	2.59	12.20	12.70	12.40	3	25	
44	0.55	2.46	12.50	7.40	11.20	2	10	
45	1.05	2.33	9.00	12.80	10.08	3	30	
46	1.50	2.80	13.20	9.50	11.30	3	15	
47	1.60	3.55	12.70	9.80	12.80	6	30	
48	2.10	2.91	12.70	8.50	11.70	5	35	

山西省榆次苏家庄村，也发现一株千年生的老枣树，品种为木枣，干高1.72米，干周3.13米，树高8.68米，冠径东西8.7米，南北10.30米，生长势中等，枣

头萌发力较强,平均生长量53.25厘米。一般管理条件下,每年都能产鲜枣50千克以上。

山西省高平县石末乡石末村,村中有一株2000余年生的古老酸枣树,干高2.83米,干周5.08米,树高11米,冠径东西8.7米,南北13米,树干内腔早已成空洞。这株古老的酸枣树,至今仍能少量结果,实属奇特。全国古老的老枣树和酸枣树还有很多,不一一列举。活的事实证明,枣树实属寿命很长的经济林树种,发展枣树产业,功在当代,利在千秋,一次栽树,长期受益,是一项造福子孙后代的最实在的事业。

二、抗逆性强,适应性广

枣树的抗逆性很强,适应范围很广。既抗严寒,又耐高温;既抗旱,又耐涝;既抗盐碱,又耐酸,尤以抗旱性最为突出。不论山地或平地,水地或旱地,滩地或盐碱地,砂土、壤土、黏土都可栽种枣树。地边、地堰、荒山、荒坡、荒沟、荒滩及四旁,也能种植枣树,群众称之为"铁杆庄稼"。辽宁朝阳,内蒙古呼和浩特,年最低气温-31℃以下,新疆维吾尔自治区巴音郭楞蒙古自治州若羌县,年降水量仅30毫米,都有枣树栽培。陕西大荔、河南新郑过去是风沙区;河北沧州过去是盐碱区;新疆若羌过去是典型的荒漠区。黄河中游山西吕梁和陕西榆林两市,是黄土高原重要组成部分,山高沟深,沟壑纵横,十年九旱,水土流失严重,1997~2000年连续干旱,粮食作物几乎绝产,如此干旱年景,对枣树生长和结果虽有一定的影响,但仍能获得较好的收成,枣树可谓抗旱先锋树种。事实充分表明,枣树是抗逆性和适应性都很强的树种。干旱是黄土高原农业生产的严重制约因素,发展红枣产业是黄土高原农业产业结构调整和人民群众脱贫致富的最好选择之一。

三、营养价值高

枣果营养丰富。据分析,脆熟的鲜枣,含糖量一般为25%~35%,比苹果、梨、桃、杏、李等果品高1倍左右。枣富含维生素C,每100克鲜枣含维生素C 300~600毫克,比苹果、梨、桃、杏、李等高出数十倍,比柑橘高7~10倍。目前所知,枣的维生素C含量是各类栽培果树中最高的,是活维生素C丸,并含有脂肪、蛋白质、膳食纤维、各种矿物质和氨基酸等,具有很高的营养价值,是一种高档营养果品,是一种很好的代粮食物,群众称之为"木本粮食"。枣与面粉、大米以及苹果、橘、梨、葡萄、香蕉的营养成分见表2-3。自古以来,枣就是一种非常好的营养果品,民间有"红枣留红颜,红枣养天年""一日吃三枣,七十不显老"的赞誉。

表 2-3　枣果与面粉、大米及其他果品营养成分比较

品　名	鲜枣	红枣	面粉	大米	苹果	橘	梨	葡萄	香蕉
蛋白质(克)	1.1	3.2	10.8	7.6	0.2	1	0.4	0.5	1.2
脂肪(克)	0.3	0.5	1.1	0.6	0.2	0.2	0.1	0.2	0.6
碳水化合物(克)	28.6	61.6	75	77.5	12.3	9.9	7.3	9.9	20
能量(千焦)	510	1105	1439	1452	218	188	134	180	456
膳食纤维(克)	1.9	6.2	0.2	0.8	1.2	0.4	2.0	0.4	0.9
胡萝卜素(微克)	240	10			20	600		50	0.25
硫胺素(毫克)	0.06	0.04	0.24	0.09	0.06	0.05	0.01	0.04	0.02
核黄素(毫克)	0.09	0.16	0.05	0.04	0.02	0.02	0.04	0.02	0.05
烟酸(毫克)	0.9	0.9	1.5	1.4	0.2	0.3	0.1	0.2	0.07
抗坏血酸(毫克)	243	14			4	11	10	25	0
钙(毫克)	22	64	19	12	4	27	11	5	10
磷(毫克)	23	51	86	112	12	5	12	13	35
铁(毫克)	1.2	2.3	3.7	1.6	0.6	0.8		0.4	0.8

注：1. 表内数据为每 100 克可食部分的含量；
　　2. 资料大部分引自中国预防医学科学营养与食品研究所编著的食物成分表。

四、枣用途广

枣的用途很广,枣树木质坚硬,纹理细致,是雕刻和制作家具和农具的优质材料。枣叶富含黄酮等活性物质,可入药和制茶,还可做羊或兔的饲料。枣树花期长,花量多,蜜液丰富,蜜质优良,是很好的蜜源植物。枣果色泽艳丽,味道鲜美,除供鲜食外,还可加工成干枣、酒枣、蜜枣、糖枣、枣汁、枣酒、枣醋、枣泥、枣酱、枣糕、枣香精等多种加工制品,还可做红枣桂圆汤、红枣银耳汤、红枣莲子汤等多种汤类及红枣小米粥、红枣糯米粥、红枣八宝粥、红枣粽子等多种粥类和熟制品。枣核可做活性炭,枣仁是重要的中药材,既可提神,又能养神,既是兴奋剂,又是镇静剂。枣和枣的加工制品,既是很好的营养食品,又是很好的营养补品。

枣的药用价值很高,我国是世界上最早将红枣用于医疗保健的国家,历代医学家对红枣的药用进行过较深入的研究,中药学认为,大枣味甘,性温,归脾胃,具有补中益气、养血安神的功效,主治脾虚食少,乏力便溏,妇女脏躁。成书于汉末的《名医别录》里就有关于大枣药用的记载,称大枣具有"补中益气,强力,除烦闷,疗心下悬,肠澼"之功效。成书于秦汉时期的《神农本草经》将大枣列为药中上品,主治"心腹邪气,安神养脾,助十二经,平胃气,通九窍,补少气、少津液、

身中不足、大惊、四肢重、和百药"。公元10世纪《日华子诸家本草》记载,大枣可"润心肺、止咳、补五脏、治虚劳损、除肠胃癖气"。《中药大辞典》记载,大枣具有"补脾和胃、益气生津、调营正、解药毒"的功效。《中国药植图鉴》记载,大枣治疗"过敏性紫斑病、贫血病及高血压"。明代李时珍著《本草纲目》记载,大枣味甘、性平、无毒。主治"心腹邪气、安神、养脾气、平胃气、通九窍、助十二经"。晚些时候,日本、朝鲜、越南、俄罗斯、印度等国外医学家也对大枣进行了研究,并将大枣用于民间医药。

近代药理研究发现,大枣中含有环磷酸腺苷等活性物质,它能扩张血管,增强心肌收缩力,改善心肌营养,对防治心血管病有一定作用。同时大枣中还含有三萜类化合物等多种抗肿瘤物质,可抑制癌细胞的生长。

事实证明,枣的用途很广,根、皮、枝、叶、花、果、核、种仁等都有重要用途,正如群众所说:"红枣、红枣、浑身是宝"。此外枣树叶小浓绿,花小芳香,枣吊纤细下垂,枣果鲜红靓丽,形状多样,具有很高的观赏价值。枣树不仅是重要的经济林树种,也是重要的药用树种和绿化树种。

五、其他特点

枣树传统采用根蘖苗繁殖,遗传性状较稳定;枣树花芽当年分化,枣吊当年脱落;枣树大部分品种自花结实力强,不需配置授粉树;枣树发芽迟,开花晚,可避免晚霜危害;枣树生育期短,枣股生长量小,利于间作等。

第二节 发展红枣产业的重要意义

枣树是我国最具特色的干果经济林,全世界五大洲40多个国家和地区的枣树,都是不同历史时期,直接或间接从我国引进的,至今我国仍是世界上枣的主要生产国和唯一出口国,98%以上的枣产于我国,韩国约占世界1%左右的枣产量,但还不够自足,在今后还相当长的时期内,在国际枣的市场上,我国仍将占有绝对的优势。随着我国对外开放的不断深入,枣果及其加工产品必将成为最具特色的出口农产品之一,枣产业将成为具有国际竞争优势的出口创汇产业。

陕西榆林和山西吕梁是革命老区,在战争年代,这里的人民为革命事业做出了巨大牺牲和贡献,这两个地区位于黄河中游两岸,全境地形、地貌为黄土丘陵沟壑区和土石山区,梁峁起伏,土地支离破碎,坡陡沟深,沟壑纵横,十年九旱,水土流失严重,自然生态环境严重制约着农业生产的发展,遇干旱年景,粮食作物几乎没有收成,由于历史和自然的原因。这里的人民至今仍很贫困,这两个地区至今仍是全国14个大面积集中连片的贫困地区之一。黄河中游黄土丘陵山区的自然生态条件,对农业生产有严重制约,但抗逆性和适应性很强的枣树表现良好,枣树栽培历史悠久,至今尚有千年生以上古老枣树生长。自古以来枣树就有良好的栽培基础,榆林和吕梁沿黄各县,是全国十大主导品种木枣的主产区。在干旱天气粮食作物几乎绝收的情况下,抗旱性突出的枣树,虽也受到一些影响,但仍能获得较好的收成,大旱稍减产,小旱不减产,群众有"旱枣涝柿"之说。

据调查,2003年陕西榆林地区有12个县(市)321万人,黄河沿岸的清涧、绥德、吴堡、佳县、神木、府谷等6县为传统的枣产区,计有68个乡(镇)1853个行政村14.7万户56.7万人。这里的自然生态条件,适宜枣树生育的要求,至1998年全区枣树发展到6.67万公顷,年产鲜枣8000万千克,总产值3亿元,上交税金1563万元,枣区人均枣收入59元,有1.5万户枣收入达万元。清涧县是重点枣产区,全县农业人口18.6万人,枣树面积1.8万余公顷,其中结果面积1.4万公顷,正常年产鲜枣3000万千克,产值6000万元,占全县财政总收入的35.6%,枣的税收404万元,占全县税收的46%,全县人均枣收入上千元的有72个村,其中人均3000元以上的有3个村,枣的收入已成为该县财政收入的主导,枣产业已成为富民强县的希望所在。山西省吕梁市临县,地处黄河中游东岸,全县50万农业人口,9.067万公顷耕地,4.2万公顷枣树,正常年产鲜枣6000万千克,产值1.5亿多元,占工农业总产值的41%,占农业总产值的51%,农业人口人均枣收入300元,人均枣收入超千元的有156个村,其中克虎镇庞家村有93公顷枣树,年产鲜枣30万千克,人均枣收入近3000元。新疆维吾尔自治区巴音郭楞蒙古自治州若羌县,自然生态环境曾是极其恶劣的荒漠区,年降水量仅30毫米,全县有1.15万农业人口10万株枣树,主栽品种为灰枣。20世纪90年代以来,当地党、政领导,咬定发展红枣产业不放松,由于所产枣品质优良,市场售价高,经济效益好,全县枣农人均枣的收入超过2万元,依靠红枣产业,由过去新疆最贫困的县变为最富裕的县,成为全国人均枣收入最高的县,枣产业成为农民的脱贫致富、县社会经济的支柱产业和优势产业。

山西省运城市临猗县,是全省著名的小麦生产基地,党的十一届三中全会前,全县小麦产量占到全省20%,在粮食生产上为国家做出极大的贡献,但农民群众经济并不富裕,为了解决群众经济问题,党的十一届三中全会后,当地县委、县政府进行了农业种植结构调整,全县耕地保留1/3基本粮田,其余发展高效益果树等经济作物,现在全县有4.7万公顷苹果树,1.33万公顷枣树。过去枣树主栽培为梨枣,现为冬枣,年产鲜枣2.5亿千克以上,全县有不同类型的设施大棚冬枣0.33万公顷,年产值8亿元,全县枣农人均枣收入超万元,主产区庙上乡枣农人均枣收入在1.5万元以上,其中张庄村有冬枣233公顷,其中设施大棚冬枣207公顷,2015年全村人均枣收入超过5万元,成为远近闻名的种枣富裕村。上述事例证明,枣树产业是枣农群众脱贫致富的最好产业之一。

发展枣树产业,不仅能增加农民的收入,获得良好的经济效益,而且能改善生态环境,绿化荒山、荒坡、荒沟,有效治理水土流失,产生良好的生态效益,符合绿化发展理念。枣树是很好的绿色产业之一,枣树是很好的循环经济产业。枣的营养丰富,含有多种人体所需的营养元素,药用价值很高,保健功能显著,红枣产业是关系人民群众身体健康的产业。

第三章　枣树生物学特征

第一节　枣树形态特征

一、根

(一) 水平根

枣树传统的繁殖方法是用根蘖苗繁殖,其根系的水平根发达,水平根向周围延伸能力强,成龄大树在土层深厚、土质较好的土壤中,水平根分布范围大于树冠三倍左右,集中分布于树冠垂直投影的范围内。水平根的主要作用是占据土壤空向,固定树体,吸收土壤中的水分和养分,萌生根蘖苗,繁殖新植株。容易萌生根蘖苗是枣树根系的一个特点,其根系萌蘖力强弱与品种、树势和繁殖方法有关。据国家枣品种资源圃调查,大马枣、甜酸枣、金丝小枣等品种的根系萌蘖强,铃铃枣、尖枣等品种的根系萌蘖力较弱。树势强的植株比树势弱的植株萌蘖力强,翻耕土壤根系损伤容易萌生根蘖苗。根蘖苗根系发达情况,也于品种和土壤有关,骏枣、壶瓶枣、婆婆枣、金丝小枣等品种根系发达,油枣、太谷葫芦枣、针葫芦、俊枣等品种和黏土中的枣树根系不发达。

(二) 垂直根

枣树垂直根的分布与树龄、土壤与繁殖方法等有关。据调查,成龄大树垂直根发达,在土层深厚、砂壤土和壤土中的植株,垂直根向下延伸能力强,可延伸到土层4米以下,黏土和黏壤土对枣树垂直根的生长有一定影响。根蘖苗水平根发达,实生苗垂直根发达。垂直根的主要功能是牢固地固定树体,吸收土壤深层的水分和养分,提高植株的抗旱性。

二、芽

(一) 主　芽

主芽也称正芽,着生在枣头顶端,二次枝基部和枣股中部。主芽萌发后形成枣头(发育枝)和枣股(短缩性结果母枝),在自然生长情况下,只有少数主芽萌发形成枣头,大部分主芽当年不萌发,变成潜伏性隐芽,在枣头和二次枝剪短后,可刺激剪口下方的主芽萌发,形成枣头,扩大树冠,这是枣树整形修剪的生物学依据。枣树的隐芽寿命很长,调查中看到,在数十年、数百年甚至千余年的老龄枣树主干或主枝上的潜伏隐芽,都能萌发出枣头,这是枣树长寿和老龄枣树更新复壮的生物学基础。

(二)副　芽

枣树的副芽没有芽的形态,为早熟性芽,在生长季节,随形成,随萌发,随生长。副芽着生在枣头基部和枣股顶部周围,主要着生在枣股上,副芽萌发后形成枣吊(脱落性结果枝)和永久性二次枝(结果基枝)。调查中看到,有些枣树副芽的寿命也很长,在多年生植株的主干和枝条上,潜伏的副芽也能萌生出枣吊,而且当年主干和多年生枝上萌生的枣吊还能结果。

三、枝

枣树的枝有枣头、枣股和枣吊三种。

(一)枣　头

枣头由主芽萌发形成,是构成树体骨架和扩大树冠的枝条(图3-1)。枣头基部着生脱落性结果枝(枣吊)和木质化、半木质化枣吊。中上部着生永久性二次枝(结果基枝),中下部二次枝生长健壮,生长量大,自然生长节数多,上部二次枝生长量小,自然生长节数少。据山西农科院果树研究所国家枣品种资源圃17年生47个品种调查,中等管理水平自然生长情况下,枣头年长量为62厘米

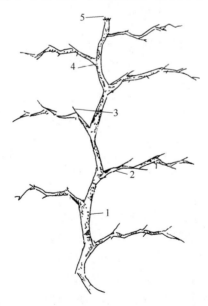

图3-1　枣头形态
1. 一次枝; 2. 二次枝; 3. 针刺; 4. 主芽; 5. 顶端主芽

左右,二次枝自然生长5~7节。在立地条件和管理水平基本相同的条件下,不同品种枣头生长情况有较大差异,有的品种当年枣头生长量达80厘米以上,有的品种生长量仅30~40厘米。大部分品种当年枣头有较强的结实力,不同品种当年枣头的结实力也有明显差异。据国家枣品种资源圃51个品种当年枣头结实力的调查,在同等管理自然生长条件下,不同品种当年枣头结实力见表3-1。

表3-1 51个品种当年枣头结实力(吊果率)情况

品　种	枣头结实力(%)	品　种	枣头结实力(%)	品　种	枣头结实力(%)
临猗梨枣	117.6	太谷葫芦枣	123.19	洪赵十月枣	64.33
襄汾圆枣	37.64	中阳团枣	31.38	笨　枣	53.37
鸡心蜜枣	136.31	洪赵葫芦枣	52.24	三变红	29.00
黎城小枣	152.72	不落酥	32.3	壶瓶酸	150.00
板　枣	115.75	美蜜枣	5.26	灵宝枣	43.33
壶瓶枣	54.17	针葫芦	70.59	婆婆枣	70.19
骏　枣	25.4	永济脆枣	39.10	襄汾木枣	84.26
黑叶枣	142.7	骏　枣	61.95	岩　枣	164.24
星星枣	64.15	临汾圆枣	30.37	端子枣	91.24
清徐圆枣	100.7	洪赵小枣	132.10	圆铃枣	63.00
永济蛤蟆枣	50.42	圆脆枣	54.97	相　枣	59.26
尖　枣	116.00	端　枣	91.34	官滩枣	123.21
铃铃枣	43.59	保德小枣	32.96	柳罐枣	39.39
甜酸枣	100.29	大马枣	56.79	长　枣	160.48
榆次牙枣	25.00	中阳木枣	41.57	垣曲枣	128.48
油　枣	131.75	郎　枣	121.05	水　枣	38.00
稷山圆枣	43.75	平遥大枣	130.08	大荔龙枣	95.00

注:水枣、三变红、圆铃枣、大荔龙枣4个品种为山西农科院园艺研究所枣品种园12年生树调查数据。

从表3-1中看出,不同枣树品种当年枣头结实力有很大差异,岩枣、长枣等9个品种吊果率高达130.08%~164.24%;临猗梨枣、板枣等9个品种吊果率100.1%~130%;大荔龙枣、婆婆枣等6个品种吊果率为70.1%~100.0%;壶瓶枣、相枣等15个品种吊果率为40.1%~70.0%;襄汾圆枣、临汾圆枣等11个品种吊果率为10.1%~40.0%;美蜜枣当年枣头结实力很低,其吊果率不到6.0%。这一特征,为枣树不同品种修剪技术的应用提供了参考依据。

此外,在密植枣园中,通过对枣头一次枝和二次枝适时摘心,可调节生长和结果的关系,有效地提高坐果率和果实品质,调控树冠,对鲜食品种矮密栽培是一项简而易行,且行之有效的技术措施,这项技术已在广大枣区推广。

(二) 枣　股

枣股即短缩性结果母枝,主要着生在二次枝上,由主芽萌发形成,生长量很小,一般年生长量在2毫米左右,寿命达20年以上(图3-2)。幼龄枣股为扁圆形,随枝龄生长逐步变为圆球形、圆锥形,有的品种枣股有分歧。枣股大小因品种而异,大部分品种老龄枣股长2~3厘米,有的品种老龄枣股最长达5厘米以上。枣股抽吊力强弱因品种、枝龄、着生部位、管理水平等因素而不同。以山西十大名枣为例,15年生后的盛果期枣树,在生态环境和管理水平基本相同的条件下,板枣、梨枣、官滩枣,每股平均抽生4~5吊;柳罐枣、骏枣、壶瓶枣和郎枣,每股平均抽生3~4吊;油枣、屯屯枣(灵宝大枣),每股平均抽生3吊左右。当年枣头二次枝每节一般抽生1吊,2年生一般抽生2吊,3年生一般抽生3吊,4~7年生枣股抽吊力较强,8年生以后抽吊力逐渐下降,老龄枣股抽吊力变弱。同一结果枝上,朝上和斜生的枣股抽吊力强,朝下的枣股抽吊力弱。枣股结实力也因品种、枝龄、着生部位和管理水平等因素而异。枣树不同品种、不同枝龄,结实力(吊果率)也不同,见表3-2。

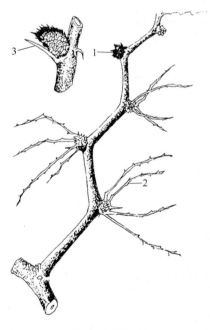

图3-2　枣　股

1. 枣股;2. 落叶后枣吊;3. 多年生枣股

表 3-2 枣树不同品种、不同枝龄结实力(吊果率)调查表

品 种	当年枣头	2年生枝	3年生枝	备 注
临猗梨枣	117.6	64.30	77.56	
永济蛤蟆枣	50.42	62.71	28.58	
不落酥	32.30	38.46	28.42	
襄汾圆枣	37.64	90.98	59.04	
尖 枣	116.06	80.24	57.07	
美蜜枣	5.26	27.18	16.00	
鸡心蜜枣	136.31	171.35	133.93	
铃铃枣	43.59	48.08	66.19	
甜酸枣	100.29	88.68	86.71	
榆次牙枣	25.00	57.58	64.46	
相 枣	59.26	46.43	31.39	
中阳木枣	41.57	69.23	57.84	1. 调查地点为国家枣品种资源圃
灵宝大枣	43.83	33.45	12.00	2. 树龄17年生
官滩枣	123.21	81.94	37.10	3. 临猗梨枣为嫁接苗,其余为根蘖苗
郎 枣	121.05	90.55	40.85	
婆婆枣	70.19	60.87	57.00	
柳罐枣	39.39	21.29	14.15	
紫 圆	130.9	77.36	47.83	
稷山圆枣	43.75	48.85	28.98	
板 枣	92.20	30.83	38.17	
骏 枣	61.85	58.51	61.70	
壶瓶枣	54.17	69.85	54.09	
油 枣	131.75	79.38	62.96	
临汾团枣	25.40	56.63	25.4	
俊 枣	25.82	56.63	25.40	
洪赵小枣	132.10	145.39	13.64	
黑叶枣	142.70	85.6	53.00	
榆次团枣	142.86	33.33	50.00	

(三) 枣 吊

枣吊也称脱落性枝、落性枝、结果枝,由副芽萌发形成,主要着生在枣股上和当年生枣头二次枝上(图3-3)。枣吊纤细柔软,大部品种不分枝,其长短、粗细因品种、树龄和管理条件不同而异,一般吊长15~25厘米,有的品种长达40厘

米以上。中壮年树和生长势强的植株枣吊长而较粗,老龄树和生长势弱的树枣吊短而较细。北方枣区,大部分枣吊生长高峰期在5月份,6月下旬停止生长,秋季日均气温下降到15℃时开始脱落,这与其他果树不同。在枣吊叶腋间着生花序。

四、叶

叶是进行光合作用,制造碳水化合物的重要器官。叶在枣吊上呈单叶互生排列,叶的形状因品种而异,大部分品种为长卵形和卵状披针形。叶色深绿或绿色,先端渐尖或钝圆,叶基圆形、扁圆形、楔形或亚心形,叶缘锯齿状,锯齿粗细和密度因品种而异。主脉三出明显,表面光滑,具有角质,水分蒸腾少,有利于抗旱。

图3-3 枣吊生长期形态

与其他果树相比,主要特点之一是叶小(个别品种例外)。枣树自然通风透光好,光合效率高,叶的大小、厚薄也因品种、树龄和管理条件不同有差异,大多品种叶长5~7厘米,宽2.0~3.5厘米。据观察,叶的大小与果实大小,树的大小没有相关性。有的品种叶大、果大、树也大,如永济蛤蟆枣;有的品种叶小,果大,树大,如相枣;有的品种叶小,果大,树小,如柳罐枣;有的品种叶小,果小,树也较小,如龙枣。

叶片在日均温15℃以上开始生长,展叶后至开花前生长迅速,在北方大部分品种秋季日温气温下降到15℃时开始落叶。其落叶早晚与品种、树龄、生态环境等因素有关。据观察,大树比小树落叶早,旱地比水地落叶早,山上比平原落叶早,北方比南方落叶早。北方地区大部分品种在10月中下旬落叶,有的品种如成武冬枣、雪枣在11月上中旬落叶。

五、花

花是植物的生殖器官。枣树是多花树种,花序为二歧聚伞花序,着生在枣吊叶腋间。枣花芽具有当年分化、当年开花多次分化、随生长随分化,分化速度快,分化期短的特点,并且开花晚,花量多,花期长。花量多少与品种、树龄、枝龄、树势、着生部位、生态环境、管理条件等因素有关。一般小果型品种比大果型品种花量多,当年生枣头比多年生枣股花量多,壮龄强树比老龄弱树花量多,枣吊中部比两端花量多,管理条件好的比管理条件差的花量多,放弃管理的枣树,花量很少,有的枣吊基本没有花。花量少的品种,每吊着花30~40朵,大部分品种每吊着花40~70朵,花量多的品种每吊着花80朵以上,有的品种高达100朵以上。枣吊中部每花序着生5~8朵,有的品种多达18朵以上。枣花小,一般花径6~7.5毫米,个别品种在8毫米以上,也有6毫米以下。

枣花呈鲜黄色,蜜盘肥大,蜜源丰富而芳香,蜜质优良。蜜盘色泽分橘黄色、杏黄色和浅黄色3种。枣树比其他果树开花晚,开花所需温度较高,日均气温18℃以上时才开始开花,日均气温20℃以上进入盛花期,7月份日均气温33℃以上,绝对气温超过36℃时,当年枣头上的花蕾仍能正常开放和结果。由此可知,枣花对高温有较强的忍耐力,在相对湿度较大的南方枣区,花期气温超过35℃,对枣树开花坐果影响不大。北方枣区,枣树花期正值干旱季节,高温易引起焦花,早晚需进行树冠喷水,以调节枣园空气湿度,适当降低枣园温度,可减轻和防止焦花,满足坐果对湿度的需求,从而可提高坐果率。枣树开花早晚,与品种、枝龄、生态环境等因素有关,旱地比水地开花早,多年生枣股比当年生枣头开花早,光照充足比光照差的地方开花早。开花顺序是枣吊基部先开,逐步向上,花序上是零级花先开,依次1级、2级、多级花开放。从始花到终花,花期长达40~50天,有的品种花期长达60天以上。枣树单花开放时间短,从蕾裂到柱萎2天多时间,枣树蕾裂时间因品种而异,分昼开型和夜开型两类。若花期下雨,气温下降,则蕾裂时间推迟,花的寿命缩短。北方枣区,5月下旬始花,6月上中旬盛花,6月下旬至7月上旬终花。

枣花的开放分蕾裂、初开、瓣立、瓣倒、花丝外层、柱萎6个时期。大部分品种能自花授粉,不需配置授粉树。有少数品种,雄蕊发育不良,栽培时需配置授粉树。枣花粉寿命较短,从蕾裂到瓣平期花粉授粉率高,为授粉最佳时间。试验证明,花期喷硼和赤霉素可提高花粉发芽率,从而提高坐果率。

六、果 实

枣树果实生育期因品种而异,极早熟品种果实生育期80~90天,早熟品种90~100天,中熟品种100~110天,晚熟品种110~120天,极晚熟品种120天以上。枣树开花结果和果实发育需要较高的温度和充足的营养。枣树开花晚,花期长,其花芽分化,开花结果,枝和叶生长物候期重叠,花期温、湿度和营养状况,对结果影响较大。花期若遇连阴雨天气,气温下降,则结果不良;初果期若营养不足,则落果严重,幼果发育缓慢。到7月中旬,花期基本结束,枝叶基本停止生长,叶形基本固定,气温也较稳定,营养集中供给果实生育,果实生长迅速;到8月中旬,枣果由绿转白,果实增长缓慢,到白熟期果实基本固定。根据上述特点,加强花期和幼果期的管理,可提高坐果率,减少落花落果,促进果实增长,提高果实品质。

枣的果实由果梗、果皮、果肉、果核组成。果梗由花柄形成,细而短。大部分品种果面光滑,并富有光泽。果皮颜色分浅红、鲜红、深红和紫红色4种,以深红色居多。果实形状有圆形、近圆形、长圆形、椭圆形、扁圆形、卵圆形、倒卵形、圆柱形、尖柱形、短柱形、细腰柱形、扁柱形、葫芦形、茶壶形、菱形等。果实大小因品种、树龄、生态环境、管理水平、结果早晚而不同。大果型品种，单果平均重30克以上，最大达100克以上，比鸡蛋还大；小果型品种平均果重3~5克，最小的单果重不足2克。同一品种，树龄和枝龄较小，管理水平较好，坐果期较早，果实较大；树龄和枝龄较老，管理水平较差，坐果期较晚，则果实较小。果实着生在枣吊叶腋内，主要着生在枣吊中下部，不同品种着果部位也有差异。一般一个花序结一个果，偶尔也有结3果和4果的，以零极花和一级花结果为主。

从调查表3-3中看出，生态环境、管理水平、树龄基本相同的条件下，不同品种枣吊坐果节位略有差异，所有品种均可从枣吊1、2节开始坐果，大部分品种坐果部节位在2~10节内，个别品种坐果部位在枣吊中上部。实践证明，生长期对新生枣头5厘米左右时摘心，可使枣头基部枣吊转化成木质化和半木质化枣吊，由于营养物质的转化，木质化和半木质化枣吊的坐果显著提高。1个木质化枣吊上可坐20多个枣，最多的可坐30多个枣，而且果实大，等级商品枣多，经济效益好。因此，对新生枣头适时摘心，是密植枣园控冠和提高前期产量、质量和栽培效益的有效措施之一。

表3-3 不同品种枣吊坐果部位调查表

品　种	坐果节位	主要坐果节位	主要坐果节位坐果数占坐果数(%)	备　注
临猗梨枣	2~15	5~13	81.54	
水济蛤蟆枣	1~16	5~10	66.9	
不落酥	1~14	3~8	97.84	
襄汾圆枣	2~16	5~9	64.09	
尖　枣	1~11	1~6	76.56	
美蜜枣	1~13	3~6	57.94	
鸡心蜜枣	2~14	4~9	79.25	
铃铃枣	1~11	1~9	95.1	
甜酥枣	1~14	2~10	81.01	
榆次牙枣	1~13	2~10	88.39	
黎城小枣	2~12	3~7	70.46	
针葫芦	1~14	1~10		主要坐果部位不明显
壶瓶酸	1~15	2~13		主要坐果部位不明显
相　枣	1~14	2~7	68.7	
中阳木枣	1~15	3~11	80.52	
灵宝大枣	1~10	1~7	91.3	

(续)

品　种	坐果节位	主要坐果节位	主要坐果节位坐果数占坐果数(%)	备　注
官滩枣	1~12	1~7	73.2	
郎　枣	1~14	8~12	60	
婆婆枣	1~14	3~8	72.86	
柳罐枣	1~12	1~9	92.31	
紫　圆	1~17	3~9	71	
稷山圆枣	1~15	1~8	76.33	
大　枣	1~14	4~11	79.17	
襄汾木枣	1~13	1~5	76.03	
洪赵十月红	1~14	3~9	72.22	
岩　枣	1~12	3~9	78.83	
恒曲枣	1~11	3~9	88.98	
笨　枣	1~15	2~12		主要坐果节位不明显
端子枣	1~11	3~9	83.18	
板　枣	2~13	3~9	86.4	
骏　枣	1~14	3~9	78.7	
壶瓶枣	2~12	3~9	79.5	
油　枣	1~12	2~7	79.7	
临汾团枣	1~16	4~10	80	
俊　枣	1~18	2~13	90.12	
洪赵小枣	1~14	7~12	65.52	
黑叶枣	1~13	3~9	91.3	
榆次团枣	1~16	8~14	78.15	
墨星枣	1~19	3~12	84.91	
洪赵葫芦枣	1~12	3~10	88.5	
清徐圆枣	2~13	7~10	71.11	
端　枣	2~15	4~9	70.68	
沙　枣	1~13	4~7	60	
太谷葫芦枣	1~13	2~11	72	
大马枣	1~13	3~8	69.68	
圆脆枣	1~11	1~10		主要坐果节位不明显
保德小枣	1~16	5~9	60.63	

注：调查地点为山西省果树研究所国家枣品种资源圃；树龄17年生。

七、果 核

果核是枣果的内果皮,绝大多数品种质地异常坚硬。枣核大小、形状、核纹深浅、核尖长短、核仁发育情况,因品种而异,大部分品种果核重量占果重3.5%~5.0%。长果形品种核为长纺锤形,圆果形品种核多为短纺锤形,核面粗糙或较粗糙。子房多为2室,偶有3室。多数品种核仁发育不良,个别品种核退化,形成软核,有的品种核内无种仁,形成空腔;有的品种核内含有1粒饱满或半饱满以及不饱满的种仁,有的仅有种皮,个别品种核内有2个较饱满的种子。种仁扁圆形或长扁圆形。酸枣核为短纺锤形或椭圆形,核纹浅,核面不粗糙,多为双仁,种仁较饱满。种核经沙藏处理或种仁浸水处理后,可播种作砧木。种仁主要做药用,是很好提神和养神药材。

第二节 枣树物候期和年龄时期

一、枣树物候期

枣树物候期的主要特点是萌芽迟、开花晚、落叶早、休眠期长、生长期短、生长期要求气温较高。具体物候期因地区和品种而异。一般南方枣区比北方枣区物候期长,如广东省连州市木枣产区,木枣3月中旬萌芽,5月上旬始花,8月下旬脆熟,11月初落叶,生长期230天以上,休眠期仅130天左右。北方山西太谷枣区,主要品种壶瓶枣,4月中旬萌芽,5月下旬始花,9月中旬脆熟,10月中旬落叶,生产期180天左右,休眠期185天以上,生长期比广东连州木枣少50多天。湖南鸡蛋枣在湖南溆浦,4月上旬萌芽,11月初落叶,生长期达200天以上,休眠期仅160余天,该品种引到山西太原,4月中旬萌芽,10月中旬落叶,生产期185天左右,比原产地少15~20天。据山西农科院果树研究所国家枣品种资源圃观察,立地条件、管理水平和树龄基本相同,而品种间物候期却有较大差异。大部分品种在4月中旬日均气温13℃以上时开始萌芽,5月中旬日均温19℃左右时开花,9月中下旬日均气温20℃左右时果实成熟,10月中旬日均气温下降到15℃时开始落叶,生长期175~180天。有的品种如临猗梨枣和大马枣,4月中旬萌芽,10月下旬至11月初落叶,生长期200天以上。大部分品种开花期35~50天,有的品种花期达60天以上。枣吊生长期大部分品种50~65天,个别品种达70天以上。枣头生长期大部分品种50~70天,个别品种达75天以上。枣树花芽分化,开花坐果,枣头和枣吊生长,物候期重叠,营养竞争激烈,导致严重落花落果,所以加强花期管理十分重要。

二、枣树年龄时期

枣树寿命很长，在自然生长状态下，枣树一生可分为生长期、生长结果期、结果期、结果衰老期和衰老更新期5个年龄时期。

(一) 生长期

枣树栽植后，任其自然生长，每年只是顶部主芽萌发形成枣头，呈单轴延伸，侧枝很少或基本没有侧枝，所以称其为主干延伸期。同时以营养生长为主，枝量少，结果不多，产量不高，因而称其为生长期。此期一般长达5年左右。

(二) 生长结果期

枣树营养生长逐渐减缓，结果逐年增多，由于果实的负载，顶端枝条曲弯向下，弓背上隐芽发出枣头，有的枣股主芽也萌生枣头，枝量逐年增多，树冠逐年扩大，产量逐年提高，至15年左右，树冠基本形成。此期称生长结果期，也称树冠形成期，这一期间营养生长仍较旺盛。

(三) 结果期

枣树营养生长逐渐减缓，枣头萌芽力减弱，生长量减少，由营养生长逐步转化到以生殖生长为主，树冠继续扩大，枣股逐年增加，产量迅速提高，树体达到最大，产量上升到最高。此期称结果期，也称盛果期，是经济效益最好的阶段。在正常管理情况下，从栽后15年开始，可延续到80年左右，盛果期达50年以上。

(四) 结果衰老期

枣树逐年衰弱，枣头萌发少，萌生的枣头生长势弱，生长量小，部分枝条出现枯死，树冠逐年缩小，枣股多老化，结果能力下降，进行自然更新。此期称结果衰老期。在正常管理条件下，此期80年左右开始，可延续到100年左右。

(五) 衰老更新期

枣树的树势衰弱，根系大量死亡，树冠中上部枝条大部分枯死，枝量不多，枣股老化，结实力大幅度下降，树冠残缺不全，产量很低，枣股抽吊力弱，枣吊短，花量少，果实小，质量差，经济效益不高。树冠中下部枝条上隐芽萌生徒长性枣头，形成自然更新，此期称衰老更新期，枣树衰老更新期一般出现在百年以后。

枣树自然更新，使其寿命延长，自然生长的枣树，一般寿命都在百年以上，有的长达千年以上，全国有不少枣区，数百年生老龄枣树屡见不鲜。根据枣树老龄特点，可采取相应技术措施，调整生长与结果的关系，达到早结果、早成型、早丰产、延长结果年限、提高枣果质量、提高经济效益。

第三节 环境条件与枣树生长结果的关系

枣树生长、结果与环境条件有密切关系，影响枣树生长、结果的环境因素主要是气温、雨量、光照、土壤、风、海拔和地势等。

一、气温的影响

枣树对气温适应范围很广,既耐高温,又抗严寒,从现有枣树分布范围看,年均气温19℃以上的广东连州市和绝对最低气温-31℃以下的辽宁熊岳和内蒙古大青山南麓都有枣树的分布和栽培。枣树休眠期抗寒能力很强,冬季短时间-30℃以下低温可安全越冬,若低温持续时间长则易发生冻害。枣树生长期要求气温较高,日均温13℃以上时才开始萌芽,萌芽期比苹果、梨等果树晚15天以上;日均气温19℃左右才开始开花,始花期比苹果、梨晚30天以上,比杏树晚40天以上。枣树的花期较长,大部分品种花期在40天以上,开花坐果和果实生长发育要求日均温22℃以上,日均气温24℃以上果实生长迅速。高温对枣树生长、结果影响不大,但在花期遇到36℃以上的连续高温天气,空气干燥,相对湿度较小,易发生焦花而影响坐果。

枣树对气温的适应范围虽然很广,但生产优质枣果,还应选择年均气温9℃以上的地区为宜。此外,冬枣成熟期晚,积温要求高。若在年均气温10℃以下的地区栽培,则生长、结果表现不良。

二、降水量的影响

枣树对降水量的适应范围很广,在年降水量1500毫米以上的广东连州市与广西灌阳以及在年降水量仅30毫米新疆若羌,枣树都能很好地生长和结果。枣树抗旱能力很强。山西吕梁枣区,地处黄河中游东岸,主要气候特点是十年九旱,1997~2001年连续5年大旱,粮食作物严重减产,旱地粮食作物基本绝收。2001年7月份之前,降水量仅几十毫米,而且没有一次有效降雨,粮食作物无法下种,如此干旱年份,对抗旱性强的枣树虽也有一些影响,但仍获得较好的收成,可谓抗旱先锋树种。

枣树虽抗旱、耐涝,但从萌芽到果实整个发育期需要比较充足的水分供应,若水分供应不足,对萌芽、开花坐果、果实发育、当年产量和品质都有一定影响。萌芽期水分不足,萌芽不整齐;花期缺水,落花严重,坐果率低;果实发育期缺水,落果多,果实小、产量低、质量差。北方枣区,水地和旱地的枣树,其产量和质量有很大差异,有条件的地区还需要进行必要的灌溉,山地枣树要做好水土保持工作。

枣树开花期遇连阴雨天气,气温下降,影响授粉,坐果不良。果实成熟季节降雨易发生裂果腐烂,丰产不能丰收,造成很大损失,这是枣树生产中存在的主要问题之一。如著名的稷山板枣区据县林业局调查资料,中华人民共和国成立后40年中,1/3年份枣果因成熟期间降雨,枣裂果腐烂损失达50%以上,1/3年份裂果腐烂损失达30%~50%,1/3年份裂果腐烂损失30%以下,1985年该县枣树果实累累,预计可产鲜枣225万千克,因9月中旬枣果成熟期连遇降雨7天以上,仅收鲜枣54万千克,而且质量较差,枣裂果腐烂75%以上,直接经济损失340多万元(按当时价格计),当地枣农痛心地说:"板枣收成靠老天,十年就有八年烂,树上结的一串红,遇到阴雨一包脓。"山西中部太谷枣区,1985年9月7~17日枣果着色成熟期间,连遇降雨11天,降水量212.8毫米,相对湿度85%,日均气温14.6℃。由于降水量多,雨期长,气温低,湿度大,无光照,枣果发生严重裂果腐烂,全县原预计可产鲜枣200万千克,结果除白熟期加工蜜枣采收50万千克外,其余150万千克基本都裂果腐烂,造成严重经济损失。雨后9月19~21日,山西省农业科学院果树所(在太谷地区)国家枣品种资源圃对53个品种的裂果情况进行了调查,调查结果看出(表3-4):枣裂果腐烂主要与成熟期降雨有关外,不同品种,不同成熟度枣的裂果情况有很大差异,壶瓶枣、骏枣等5个品种,裂果率高达90%以上;清徐圆枣、鸡心蜜枣等5个品种,裂果率70%~90%;郎枣、黑叶枣等8个品种,裂果率30%~50%;相枣、灵宝大枣等15个品种,裂果率10%~30%;尖枣、婆婆枣等11个品种,裂果率10%以下;婆婆枣、襄汾木枣等9个品种,裂果率不到5%;襄汾木枣裂果率不到2%。不同品种裂果差异,主要与成熟度和果皮厚薄等因素有关,大部分品种白熟期基本不裂,完熟期裂果也较轻。着色期和脆熟期易裂果。果皮厚的比果皮薄的品种裂果轻。同一品种,不同枝龄,果实成熟度不同,裂果情况也不同,大部分品种当年枣头枝结的枣比多年生枣头结的枣晚熟7~10天,雨期枣头枝结的枣成熟度低而裂果轻。

表3-4 1985年国家枣品种资源圃53个枣品种裂果情况

品　种	结果枝种类	成熟度(%)	裂果度(%)	品　种	结果枝种类	成熟度(%)	裂果度(%)
壶瓶枣	枣　股	70	96.00	榆次牙枣	枣　股	60	82.50
	枣　头	50	83.28		枣　头	10	17.73
铃铃枣	枣　股	90	93.81	洪赵脆枣	枣　股	50	80.91
	枣　头	80	63.27		枣　头	5	46.23
端子枣	枣　股	70	93.21	鸡心蜜枣	枣　股	40	80.33
	枣　头	50	75.24		枣　头	2	4.92
骏　枣	枣　股	85	91.01	稷山圆枣	枣　股	40	70.82
	枣　头	5	21.78		枣　头	10	24.46
美蜜枣	枣　股	50	90.19	星星枣	枣　股	40	68.22
	枣　头	20	61.32		枣　头	2	11.82
清徐圆枣	枣　股	70	84.59	黑叶枣	枣　股	40	67.10
	枣　头	10	30.00		枣　头	10	10.87

（续）

品　种	结果枝种类	成熟度(%)	裂果度(%)	品　种	结果枝种类	成熟度(%)	裂果度(%)
端枣	枣股	70	65.62	郎枣	枣股	50	57.93
	枣头	20	33.12		枣头	10	10.93
永济蛤蟆枣	枣股	45	33.86	沙枣	枣股	40	55.65
	枣头	25	28.21		枣头	10	19.15
油枣	枣股	40	28.57	太谷葫芦枣	枣股	20	54.00
	枣头	5	3.16		枣头	0	0.00
中阳团枣	枣股	5	28.26	敦敦枣	枣股	30	50.80
	枣头	1.5	12.50		枣头	0	0.00
灵宝大枣	枣股	10	28.13	保德小枣	枣股	30	48.63
	枣头	8	0.00		枣头	5	4.97
临汾团枣	枣股	15	27.22	苦端枣	枣股	70	47.11
	枣头	0.5	2.27		枣头	30	17.65
留花枣	枣股	10	25.76	板枣	枣股	30	45.14
	枣头	0	0.00		枣头	2	17.49
不落酥	枣股	30	21.79	甜酸枣	枣股	80	43.87
	枣头	5	1.79		枣头	20	5.70
笨枣	枣股	20	18.33	俊枣	枣股	5	43.05
	枣头	10	0.00		枣头	1	2.50
相枣	枣股	10~15	16.50	岩枣	枣股	20	41.75
	枣头	0	3.88		枣头	2	12.13
榆次团枣	枣股	10	16.33	壶瓶酸	枣股	60	40.75
	枣头	2	1.41		枣头	25	3.72
柳罐枣	枣股	5	14.19	大枣	枣股	10	40.13
	枣头	1	3.03		枣头	2	4.19
临猗梨枣	枣股	5	13.06	洪赵葫芦枣	枣股	30	32.02
	枣头	1	0.90		枣头	2	11.04
长枣	枣股	10	11.90	洪赵小枣	枣股	50	10.06
	枣头	1	0.00		枣头	5	0.92
紫圆	枣股	70	12.30	中阳木枣	枣股	20	8.75
	枣头	20	0.84		枣头	5	0.95
黎城小枣	枣股	10	65.10	圆脆枣	枣股	5	5.73
	枣头	1	10.47		枣头	0	0.00

(续)

品　种	结果种类	成熟度(%)	裂果度(%)	品　种	结果种类	成熟度(%)	裂果度(%)
叶葫芦	枣　股	2	4.65	垣曲枣	枣　股	5	2.65
	枣　头	0	0.00		枣　头	1	0.00
尖　枣	枣　股	2	4.00	襄汾木枣	枣　股	5	1.62
	枣　头	0	0.00		枣　头	1	0.00
官滩枣	枣　股	5	3.95	襄汾圆枣	枣　股	1	1.65
	枣　头	0	2.59		枣　头	0	1.45
大马枣	枣　股	0	3.23	洪赵十月红	枣　股	0	3.49
	枣　头	0	0.31		枣　头	0	0.03
婆婆枣	枣　股	5	2.65				
	枣　头	0	0.00				

2003年,山西省预计产鲜枣2.7亿千克,由于枣成熟期间,降雨量多,全省枣平均裂果率达80%以上,直接经济损失6亿多元,有的枣区,裂果率高达95%以上,当年几乎绝收,没有效益。2005年,山西省预计产鲜枣5亿千克,9月25日至10月10日,枣果成熟期间连阴降雨16天,全省枣平均裂果率高达90%以上,每千克鲜枣按2元计,直接经济损失近10亿元。枣的裂果问题已直接制约着枣产业的健康发展,对此应引起重视,下决心研究枣的裂果问题。

三、光照的影响

枣是喜光树种,光照对光合作用有直接影响。树冠上部和外围,光照充足,叶片光合作用强,光合效率高、光合产物多,坐果率高,果实品质好。树冠内膛,光照差,光合效率低、光合产物少,有的叶片成为低效叶和无效叶,坐果率低,枣果品质不及树冠上部和外围的好。内地枣品种引到新疆枣区,因光照时间长,光合效率高,光合产物多,坐果率高,果实大,同样品种品质都优于内地。目前新疆已成为我国干枣主要生产基地,新疆灰枣、骏枣、壶瓶枣等干制枣果已占领全国很多市场。为此,栽植枣树时,平原地区应采取宽行密株变化密植方式,行距大于株距,行向以南北为宜。丘陵山区应选择光照良好的地区。密植枣园要做好整形修剪工作,使树冠通风透光良好,严防树冠郁闭,树高要小于行距,约为行距的80%左右。

四、风的影响

枣树休眠期抗风能力很强,陕西大荔和河南新郑枣区,土壤为砂土,春季多风,风力较大,这两个枣区枣树生长结果良好。实践证明,枣树有较强的防风固沙能力,是北方和西北地区防风固沙较理想的经济林树种。枣树生长期抗风能力较弱。风力3级以下的弱风和微风对枣树无不良影响,花期刮大风,花粉被吹干,寿命缩短,昆虫授粉活动也受到影响,造成坐果不良。夏季刮大风,当年春季高接成活的枝条易被风吹折,要适时绑支柱进行防护。枣果成熟期间遇大风易造成落果,影响果实质量。在北方和西北多风地区,进行枣园规划时,要选择比较风小的地方,不宜在山顶和风口栽植枣树,同时要枣园迎风方向建立防风林带。

五、地势和土壤影响

枣树对地势和土壤的适应力很强,不论山地、丘陵、平地、滩地、盐碱地,还是砂土、壤土、砂壤土、黏土、黏壤土、砾质土、酸性土、碱性土都能生长。黄河中游两岸山西吕梁和陕西榆林地区,是西北黄土高原重要组成部分,海拔1000米左右,土壤多为黄壤土,pH值8左右,山高沟深,土地破碎,是全国十大主导品种"中阳木枣"生产基地,主栽品种中阳木枣和油枣生长、结果表现良好。陕西大荔和河南新郑枣区,是风沙地区,新郑主栽品种"灰枣",是全国十大主导品种之一,生长和结果表现良好。大荔原主栽品种圆枣和新发展的主栽品种冬枣生长和结果表现良好。河北沧州和山东乐陵金丝小枣主产区,历史上曾是严重的盐碱区,土壤多为黏壤土,pH值8以上,最高8.4左右,是全国最著名的十大主导品种之首"金丝小枣"产区。冬枣原分布于山东和河北近海区,海拔仅几十米或十几米,土壤为碱性土。浙江义乌大枣区,土壤为酸性土,pH值6~6.5,湖南衡山枣区,土壤为红黏土和黏壤土。上述地区都能栽培枣树,而且是全国枣的重点产区和名优品种产地,充分表现出枣树对地势和土壤有很强适应性。

第四章 枣树品种资源与名优品种(含酸枣)

第一节 枣树品种资源概况

栽培的枣树是由野生的酸枣演进而来的,考古资料表明,至今已有7000多年的历史。在漫长的历史过程中,经过自然和人工选择,形成丰富多彩的品种和品系。至1985年,全国各枣区通过枣树资源调查,初步查出700个品种,由于受时间、技术、资金等因素的影响,调查工作还不够深入和细致,肯定还有不少品种未能查到被遗漏,已查出700个品种中也难免会有重复。1985年后,各地又陆续报道了一些新查和新选育的枣树品种(含酸枣),目前资料已公开报道枣树品种有944个,其中有不少新选出的品种通过有关单位审(认)定和鉴定,其中有些新选出的品种在当地和全国有关枣区引种区试验和推广。

第二节 枣树品种的分类

关于枣树品种分类,在有关资料中,有按分布区域分为南枣和北枣两大栽培区。秦岭、淮河以南,年均气温15℃以下的地区为北枣区。秦岭淮河以南,年均气温15℃以上的地区为南枣区。有按果实大小分为大枣和小枣两类。有按果实形状分为圆枣、长枣和鸡心枣等。上述分类方法都不能确切地反映枣树品种的固有性状和价值。1993年8月由全国著名枣专家河北农业大学曲泽洲,王永蕙二位教授主编,中国林业出版社出版的《中国果树志·枣卷》,对已查出的700个品种,按主要用途和有关性状,分为制干、鲜食、蜜枣和兼用品种4类。其中制干品种224个,鲜食品种261个,兼用品种159个,蜜枣品种56个,以制干品种栽培面积最大,产量最多;其次是兼用品种,鲜食品种的数量多,但栽培面积小,产量少。1985年之前,鲜食品种多为零散栽培,大面积集中连片栽植的不多。蜜枣品种主要分布在南方地区,在北方枣区也有不少品种适宜加工蜜枣。2002年4月,由刘孟军教授主编,中国农业出版社出版的《枣优质丰产栽培技术彩色图说》,根据枣的形态特征和枣的主要用途,把枣的品种分为五类,在原来四类的基础上,增加了观赏品种。

在原有的700个品种中,过去各枣区栽培较多的品种有近百个,其中以金丝小枣、中阳木枣、婆枣、圆铃枣、长红枣、灰枣、灵宝大枣、扁核酸8个品种,栽培面积最大,产量最多,其面积和产量占全国的50%以上。20世纪80年代中期以来,特别是进入21世纪以来,赞皇大枣、临猗梨枣、冬枣、骏枣、壶瓶枣几个鲜食和兼用品种,有了快速的发展,其中以冬枣发展力度最大,发展速度最快,有关资料报道,不完全统计,目前全国冬枣栽培面积已有15万公顷以上,是全国栽培区域最广,鲜枣产量最多的鲜食名优品种。仅山东沾化,冬枣栽培面积超过3.3万公顷以上,冬枣已成为全国十大主导品种之一。赞皇大枣是中华人民共和国成立后首先在全国不少枣区推广兼用名优品种,临猗梨枣是20世纪80年代中期以来在全国范围推广的鲜食名优品种,骏枣和壶瓶枣是新疆枣区发展最多的品种之一,目前已成为新疆枣区三大主栽品种之一。今后冬枣仍将成为全国重点发展的鲜食名优品种,这样原有的品种结构也发生了变化。

第三节 各省(自治区、直辖市)枣树主栽品种和名优品种

河北:金丝小枣、婆枣、赞皇大枣、冬枣、无核小枣、龙枣。
山东:金丝小枣、圆铃、长红、冬枣、无核小枣、孔府酥脆枣、磨盘枣、茶壶枣。
山西:板枣、相枣、骏枣、壶瓶枣、临猗梨枣、中阳木枣、油枣、官滩枣、屯屯枣(灵宝大枣)、郎枣、蛤蟆枣、不落酥、襄汾圆枣。
河南:灰枣、扁核酸、灵宝大枣、鸡心枣、桐柏大枣、胎里红、三变红。
陕西:中阳木枣、油枣、晋枣、大荔圆枣、狗头枣、蜂蜜罐、大荔龙枣、柿顶枣。
新疆:哈密大枣、疏附小枣、灰枣、骏枣、壶瓶枣、赞皇大枣。
辽宁:大平顶、大尖顶。
甘肃:临泽小枣、敦煌大枣。
宁夏:宁夏长枣、宁夏圆枣。
安徽:宣城尖枣、宣城圆枣。
湖南:湖南鸡蛋枣、糖枣。
江苏:苏南白蒲枣、四洪大枣、冷枣。
浙江:义乌大枣。
北京:郎家园枣。
天津:天津快枣。
广西:灌阳长枣。
广东:连县木枣。
湖北:湖北牛奶枣。
云南:宣良枣。
重庆:涪陵鸡蛋枣。

四川:木洞小甜枣。
福建:闽中面枣。
(注:新疆灰枣、骏枣、壶瓶枣、赞皇大枣为引进品种)

第四节 枣树名优品种的开发利用

一、在生产上的开发利用

20世纪80年代以来,枣树名优品种在生产上大量开发利用的有:赞皇大枣、临猗梨枣、冬枣、灰枣、骏枣和壶瓶枣。

(一)赞皇大枣

河北省太行山区赞皇县主栽品种,全国兼用名优品种,河北农业大学研究发现的三倍体品种,表现丰产、优质、适应性强,从20世纪80年代,先后在山西、陕西、山东、河南、辽宁、新疆、甘肃等地大规模引种推广,仅赞皇县林业局苗圃,每年培育数百万嫁接苗,并采集大量接穗,向全国各地推广,赞皇大枣在北方各枣区的表现良好,成为全国最早开发利用的名优品种,仅赞皇县栽培面积就达到3万公顷以上,赞皇大枣已成为全国十大主导品种之一。

(二)临猗梨枣

原产山西省临猗县,是山西省果树研究所1962年枣树资源调查中发现的名贵品种,数量不多。20世纪60年代中期,首先引入山西省果树研究所枣品种资源圃(原名原始材料圃),经观察,临猗梨枣表现结果早,果实特大,品质好。20世纪80年代中期,山西省交城县林科所引种进行密植早果丰产试验,取得3年生亩产鲜枣1391.3千克的良好效果,由山西省科委组织进行了成果鉴定,其后首先由交城县林科所向全国各地大规模推广,成为全国最早开发利用的鲜食名优品种,并成为20世纪90年代全国栽培最多的鲜食名优品种和全国十大主导品种之一,仅原产地山西省临猗县庙上乡就发展了0.5万公顷以上。

(三)冬 枣

冬枣是20世纪90年代后期,河北省黄骅和山东省沾化栽培数量不多的鲜食名优品种,由于品质特佳,在全国各地迅速推广,是21世纪以来,发展速度最快,发展力度最大,发展地域最广,栽培面积和鲜枣产量最多的名优品种,有关资料介绍,冬枣栽培面积已达到15万顷。冬枣已成为全国十大主导品种之一,仅山东省沾化冬枣栽培面积3.3万公顷以上,河北省黄骅也发展到2万公顷以上。

(四)灰 枣

灰枣是河南省新郑枣区(含中牟、郑州市郊区)主栽名优品种,也是全国兼用名优品种。灰枣引到新疆栽培,表现品质更加优良,新疆是21世纪枣树发展速度最快,发展面积最多的省份,有关资料介绍,目前枣树栽培面积已达到50万公顷左右,占全国栽培总面积的近三分之一,居全国枣树栽培面积的首位。灰枣在新疆,干枣品质优良,是新疆主栽品种之一,约占栽培总面积的30%以上,成为21世纪全国开发利用最多的品种之一。

(五)骏枣和壶瓶枣

骏枣和壶瓶枣是山西省交城县和太谷县枣区(含榆次、祁县、清徐等)主要栽培品种,是山西十大名枣,分别名列第三和第四,也是全国著名的兼用名优品种。20世纪80年代以来,这两个品种重点在西北干旱少雨地区引种推广,其中以新疆推广最多,特别21世纪以来,每年都有大量的苗木和接穗调入新疆。这两个品种品质优良,适应性强,但成熟期下雨裂果严重,引到新疆少雨地区,生长结果表现良好,已成为新疆栽培最多的品种,约占栽培面积的60%,成为21世纪开发利用最多的名优品种,其生产的干枣占领了全国大部分市场。

二、在品种选优上的开发利用

据《中国枣树种质资源》中介绍,多年来各地通过审(认)定或鉴定的枣树新品种有100多个,大部分是从现有的品种株系选出的,少数是从自然实生苗选育的。从金丝小枣中选出金丝1号、金丝2号、金丝3号、金丝4号、乐金1号、乐金2号、乐金3号、金丝蜜、金丝丰、金魁王等;从赞皇大枣中选出赞新大枣、赞宝、赞玉、赞晶、雨丰等;从无核小枣中选出无核丰、无核红、沧无1号、沧无3号、乐陵无核1号、无核金丝小枣等;从婆枣中选出行唐长枣、行唐大圆枣、行唐墩子枣、鳌王、圆红等;从中阳木枣中选出帅枣1号、帅枣2号、帅枣3号、木枣1号、晋圆红等;从灰枣中选出新郑红枣1号、新郑红枣2号等;从骏枣中选出骏枣1号;从板枣中选出板枣1号;从壶瓶枣中选出金昌1号、壶瓶1号;从鸡心枣中选出豫枣1号、新郑红枣6号……

从酸枣资源中选出高平古酸枣、龙眼酸枣、鸡心酸枣、大老虎眼、长圆形大酸枣、锦西大酸枣、米酸枣、邢台0604、邢台11、延兴1号、佳县团酸枣、鸡心形大酸枣、宿萼早熟酸枣……

第五节 枣树名优品种介绍(含酸枣)

优良品种是高效农业的重要组成部分,是高效农业的物质基础。选好枣树优良品种,是枣树高效栽培最好的措施。结果早晚,产量高低,品质好坏,市场竞争力强弱,经济效益大小,对生态条件的适应性,枣果的抗裂性、抗病性和鲜枣耐贮性,都与品种密切相关。以山西十大名枣为例,板枣、骏枣优质干枣,市场售价每千克20~40元;中阳木枣和郎枣,每千克售价一般4~6元,相差5~10倍。现在是市场经济,市场经济是优胜劣汰的经济,随着市场经济的发展,其产品的竞争将会越来越激烈。枣树是生命周期很长的树种,发展枣树要有长远的战略眼光,一定要重视和选择适宜当地生态条件具有特色的优良品种,只有高质量的名优品种和高档次品牌产品,才能在市场竞争中立于不败之地,才能实现枣树的高效栽培,才能确保枣产业的可持续发展。

一、地方传统名优品种

(一)制干品种

1. 相　枣

又名"贡枣"。

(1)品种来源与分布:原产山西省运城市(原安邑县)北相镇一带,故名"相枣"。传说,古时曾作贡品,因而也称"贡枣"。为当地主栽品种,据《安邑县志》记载,已有3000余年的历史。

(2)主要性状:树势较强、树体较大、干性较强、枝条较密,树冠多自然半圆形,树姿半开张。枣头红褐色,针刺较发达。枣股抽吊力中等,枣吊平均长16厘米左右。叶小,长卵形,深绿色。花较小,花量中多,夜开型。蜜盘小,橘黄色。果实大,卵圆形,纵径4.46厘米,横径3.7厘米,平均果重22.9克,果皮厚,紫红色。果面光滑,果肉厚,绿白色,肉质致密,较硬,味甜,汁液少,适宜制干。干枣品质上等,制干率53.0%。鲜枣可食率97.5%,含可溶性固形物28.5%,单糖13.45%、双糖12.06%,总糖25.51%,酸0.34%,糖酸比74.89∶1,维生素C 174.0毫克/100克,含水量59.4%,钙0.466%,镁0.246%,锰3.361毫克/千克,锌9.493毫克/千克,铜2.125毫克/千克,铁16.63毫克/千克,每克鲜枣含环磷酸腺苷43.75纳摩尔。干枣含单糖63.61%,双糖9.85%,总糖73.46%,酸0.84%,糖酸比87.45∶1。维生素C 23.6毫克/100克,含水量17.39%,钙0.2%,镁0.075%,锰4.094毫克/千克,铜2.245毫克/千克,铁29.51毫克/千克,每克干枣含环磷酸腺苷121.5纳摩尔,酒枣含可溶性固形物36.6%,单糖27.45%、双糖0.0%,总糖27.45%,酸2.07%,糖酸比59.31∶1,维生素C 6.95毫克/100克,含水量59.13%。干枣果肉富弹性,耐挤压。核小,纺锤形,纵径2.55厘米,横径0.83厘米,重0.56克,可含食率97.56%,大果核含种仁,种仁较饱满,小果核种仁退化。结果早,较丰产,产量较稳定。山西太谷9月下旬果实脆熟,果实生育期110天左右。

(3)适栽地区和栽培技术要点:适应性强,宜在北方宜枣区栽植。相枣为制干优良品种,宜在完熟期采收,以保证干枣质量,同时产地应建烤房。

2. 圆铃枣

又名紫铃、圆红、紫枣。

(1)品种来源与分布:原产山东聊城、德州等地,以茌平、东阿、聊城、齐河、济阳栽培较集中,河北西南部,河南东部以及山东泰安、潍坊、济宁、惠民等地也有栽培,是山东重要的制干品种和栽培最多的品种之一,也是全国十大主导品种之一。

(2)主要性状:树势较强,树体较大,树冠自然半圆形,树姿开张。枣头红棕色,针刺较发达,二次枝自然生长6~8节,枣股抽吊力中等,枣吊长10~20厘米。叶中大,宽披针形,深绿色。花较大,花量中多,7:30左右蕾裂,蜜盘中大,浅黄色。果实大,近圆形或长圆形,大小均匀。大果纵径4.0~4.2厘米,横径2.7~3.3厘米,单果重30.0克;中小果纵径2.8~3.5厘米,横径2.7~3.3厘米,平均果重12.5克。果皮较厚,紫红色,果面不平滑,有紫黑色点。果肉厚,绿白色,肉质较粗,味甜,汁液少,适宜制干,干枣品质上等。鲜枣可食率97.0%,含可溶性固形物31.0%~35.6%。干枣含糖74.0%~76.0%,酸0.8%~1.4%。核小,纺锤形,多不含种仁。根蘖苗结实晚,较丰产,产地9月上中旬果实成熟,果实生育期95天左右。

(3)适栽地区和栽培技术要点:适应性强,耐干旱、耐盐碱、耐瘠薄。在黏壤土、沙质土和沙土上都能较好的生长,适于北方宜枣区栽植。该品种为制干优良品种,宜在完熟期采收,以保干枣质量,产区应建烤房。

3. 中阳木枣

又名木枣、吕梁木枣、绥德木枣等。

(1)品种来源与分布:分布于山西吕梁临县、柳林、石楼和陕西榆林佳县、米脂、吴堡、清涧等黄河中游两岸,是当地传统的主栽品种,是山西和陕西的主栽品种,也是全国十大主导品种之一。栽培历史悠久,陕西省绥德县渔湾村和清涧县王宿村等地,至今尚有千年以上的古老枣树林。由于栽培历史悠久,分布范围广,已分化出果形大小、形状、果实品质等有明显差异的多种类型。

(2)主要性状:树势较强,树体较大,干性中强,枝条中密,树冠半圆形或乱头形,树姿开张。枣头红褐色,针刺较发达,二次枝自然生长4~6节。枣股抽吊力中等,枣吊平均长18.6厘米,叶中大,长卵形,深绿色。花较大,花量多,昼开型。蜜盘较大,浅黄色。果实中大,圆柱形,纵径4.22厘米,横径2.84厘米,平均果重14.1克,大小较均匀。果皮厚,深红色,果面光滑。果肉厚,绿白色,肉质较硬,味酸甜,液汁中多,品质中上,适宜制干,也可鲜食和加工蜜枣、酒枣、枣汁等。鲜枣可食率96.4%,含可溶性固形物28.5%,单糖16.73%,双糖4.97%,总糖21.7%,酸0.79%,糖酸比27.36:1。维生素C 461.7毫克/100克,含水量68.0%,钙0.356%,镁0.245%,锰4.298毫克/千克,锌9.144毫克/千克,铜3.183毫克/千克,铁21.453毫克/千克,每克鲜枣含环磷酸腺苷302.5纳摩尔。干枣含单糖58.64%,双糖3.26%,总糖72.0%,酸1.34%,糖酸比53.73:1。维生素 C 8.25 毫克/千克,含水量 20.35%,可食率 96.4%,钙 0.15%,镁 0.09%,锰 5.33 毫克/千克,铜 2.04 毫克/千克,铁 28.33 毫克/千克,维生素 E 0.26 毫克/千克,维生素 B_1 0.05 毫克/千克,每克干枣含环磷酸腺苷 672.2 纳摩尔,每克干枣含氨基酸总量 2.74 克,其中天门冬氨酸 0.591 毫克,苏氨酸 0.096 毫克,丝氨酸 0.119 毫克,谷氨酸 0.202 毫克,甘氨酸 0.068 毫克,丙氨酸 0.077 毫克,蛋氨酸 0.017 毫克,异亮氨酸 0.145 毫克,亮氨酸 0.069 毫克,苯丙氨酸 0.054 毫克,缬氨酸 0.115 毫克,赖氨酸 0.027 毫克,精氨酸 0.049 毫克,色氨酸 0.024 毫克,胱氨酸 0.024 毫克。酒枣含可溶性固形物 35.1%,单糖 32.87%,双糖 1.42%,总糖 34.20,酸 1.01%,糖酸比 34.05:1,维生素 C 7.33 毫克/100 克,含水量 58.5%。核小,纺锤形,含仁率低,种仁不饱满。结果较早,较丰产,产量稳定。山西太谷果实 9 月下旬成熟,果实生育期 110 天左右。

(3)适栽地区和栽培技术要点:抗逆性强,适应性广,适于黄河中游黄土丘陵区栽植。该品种以制干为主,应在果实完熟期采收,以利于提高干枣品质。变异类型较多,品质差异很大,应进行株系选优,对一般木枣逐步进行改良,以提高品种档次。同时产区应建立烤房。中阳木枣富含环磷酸腺苷,应加工功能保健型产品。

4. 婆 枣

又名串干枣、阜平大枣、新乐大枣。

(1)品种来源与分布:主要产于河北西部阜平、曲阳、唐县、新乐、行唐等太行山中段丘陵地带,为当地主栽品种,也是全国十大主导品种之一。栽培历史在千年以上,目前阜平县北水峪村尚有近千年的古老枣树,在河北衡水和山东夏津等地也有栽培。

(2)主要性状:树势强,树体较大,枝条中密,树冠自然半圆形,树姿开张,枣头红褐色,针刺较发达。枣股抽吊力较强,枣吊平均长 15.6 厘米。叶较大,卵圆形,深绿色。花较小、花量中多、昼开型。果实中大、椭圆形。侧面略扁、纵径 2.9~3.3 厘米、横径 2.5~2.7 厘米、平均果重 10.0 克、大小不很均匀。果皮较厚、深红色、果面平滑。果肉厚,绿白色。肉质疏松,味甜酸,汁液少,适宜制干和加工枣汁,制干率 56.2%。鲜枣可食率 96.0,含可溶性固形物 27.0%~30.0%。干枣含糖 69.8%,维生素 C 22.0 毫克/100 克。核小,纺锤形,多无种仁。结果较迟,丰产,产量稳定。山西太原地区,9 月下旬果实成熟,果实生育期 100 天左右。

(3)适栽地区和栽培技术要点:适应性强,适宜北方宜枣区栽培。该品种适宜制干,枣果应在完熟期采收,以保干枣质量,并要建立烤房。产地枣疯病发生较严重,枣果抗裂性差,应注意防治。

5. 扁核酸

又名酸铃、铃枣、鞭干枣等。

(1)品种来源与分布：主产河南黄河故道的内黄、濮阳、浚县、滑县、清丰、汤阴，河北邯郸和山东东明也有栽培，为河南栽培最多，产量最多的品种，也是全国十大主导品种之一。栽培历史2000多年。2006年通过河南省林木品种审定委员会审定。

(2)主要性状：树势强，树体较大，枝条中密，树冠自然半圆形，树姿开张。枣头红褐色，针刺较发达。枣股抽吊力较强，枣吊平均长15.6厘米。叶较大，卵圆形，深绿色。花较小、花量中多、昼开型。果实中大、椭圆形。侧面略扁、纵径2.9～3.3厘米、横径2.5～2.7厘米、平均果重10.0克、大小不很均匀。果皮较厚、深红色、果面平滑。果肉厚，绿白色。肉质疏松，味甜酸，汁液少，适宜制干和加工枣汁，制干率56.2%。鲜枣可食率96.0%，含可溶性固形物27.0%～30.0%。干枣含糖69.8%，维生素C 22.0毫克/100克。核小，纺锤形，多无种仁。结果较迟，丰产，产量稳定。山西太原地区，9月下旬果实成熟，果实生育期100天左右。

(3)适栽地区和栽培技术要点：适应性强，适宜北方宜枣区栽培。该品种适宜制干，枣果应在完熟期采收，以保干枣质量，并要建立烤房。产地枣疯病发生较严重，枣果抗裂性差，应注意防治。

6. 亚腰长红

又名笨枣、滑皮枣、晚熟躺枣、枕头枣、马尾枣、长枣，是长红枣品种类的重要品种。

(1)品种来源与分布：分布很广，山东中南山区的宁阳、曲阜、泗水、邹县有集中栽培，兖州、济宁、泰安、长清及黄河以北的德州、惠民，河北沧州、衡水也有零星分布。至今山东庆云周尹村，还有一株相传1300年以上的隋代古枣树。

(2)主要性状：树体高大，干性强，树姿直立，树冠自然圆头形，枣头深褐色，针刺发达，二次枝较细弱，自然生长4～7节。枣股抽吊2～4个，枣吊长12.0～20.0厘米。叶中大，披针形，深绿色。花小，花量中多，昼开型。果实较小，细腰柱形，纵径3.0～3.8厘米。横径2.0～2.4厘米，平均重8.3克，大小均匀。果皮较厚，褐红色，果面光滑。果肉厚，绿白色，肉质致密，味甜，汁液少，适宜制干。制干率45.0%～48.0%。鲜枣可食率97.2%，含可溶性固形物31.0%～33.0%。核小，细长纺锤形，多无种仁。结果较迟，丰产性好。当地9月下旬果实成熟，果实生育期110天左右。

(3)适栽地区和栽培技术要点：适应性强，耐旱、耐盐碱、耐瘠薄。该品种开花结果要求温度较高，适宜北方宜枣区气温较高的地区栽培。

7. 灵宝大枣

又名灵宝圆枣、疙瘩枣、屯屯枣。

(1)品种来源与分布：原产山西南部和河南西部交界处的黄河两岸，以山西芮城、平陆,河南灵宝栽培较集中,为当地主栽品种,也是全国主要品种之一。据《灵宝县志》记载,栽培历史始于明代之前,距今已有600多年。2006年通过河南省林木品种审定委员会审定。

(2)主要性状:树势强,树体大,干性较强,枝条粗壮,树冠自然圆头形,树姿直立或半开张。枣头紫褐色,二次枝自然生长3~5节,针刺较发达。枣股抽吊力中等,枣吊平均长15厘米左右。叶小,卵圆形,深绿色。花小,花量少,6:00左右蕾裂。蜜盘小,杏黄色。果实大,扁圆形,纵径3.3~3.8厘米。横径3.4~4.4厘米,平均果重22.3克,大小较均匀。果皮较厚,深红色或紫红色,果面有明显的五菱突起,并有不规则的黑斑。果肉厚,绿白色,肉质致密,味甜略酸,汁液较少,品质中上,适宜制干和加工无核糖枣,制干率51.0%,鲜枣可食率96.81%,含可溶性固形物32.4%,单糖19.17%,双糖3.21%,总糖22.95%,酸0.5%,糖酸比46.18:1,维生素C 359.47毫克/100克,含水量63.0%,钙0.485%,镁0.199%,锰3.857毫克/千克,锌8.44毫克/千克,铜2.01毫克/千克,铁14.136毫克/千克,每克鲜枣含环磷酸腺苷7.5纳摩尔。干枣含单糖64.8%,双糖5.27%,总糖70.17%,酸1.11%,糖酸比63.22:1,含水量17.6%,钙0.21%,镁0.11%,锰4.89毫克/千克,铜2.04毫克/千克,铁53.49毫克/千克,每克干枣含环磷酸腺苷22.7纳摩尔。核小椭圆形,含仁率70%左右,种仁较饱满。结果迟,产量较高。山西太谷9月20日前后果实成熟。果实生育期110天左右。

(3)适栽地区和栽培技术要点:灵宝大枣原产地生长、结果和果实品质均表现良好,引入异地栽培则产量很低,适宜原产地和类似生态区栽培。成熟期落果较严重,应适时采收,成熟期遇雨裂果较严重,应注意预防。若用于制干,要在完熟期采收,以提高干枣品质,产区应建烘烤设备。

8. 鸡心枣

(1)品种来源与分布:主产河南新郑、中牟、西华等地。以新郑栽培较多,为当地次主栽品种,起源不详,现尚有400多年生的老龄枣树。

(2)主要性状:树势中等,树体中大,树冠圆锥形,树姿直立。枣头黄褐色,针刺较发达。枣股抽吊力中等,枣吊平均长16.8厘米。叶中大,长卵形。花较大,花量大,夜开型。果实小,鸡心形,纵径2.5~2.7厘米,横径1.6~1.7厘米,平均果重4.9克,大小较均匀。果皮较薄,紫红色,果面平滑,果肉中厚,绿白色,肉质致密,味甘甜,汁液较少,品质上等。适宜制干,制干率49.9%。鲜枣可食率91.8%,含可溶性固形物31.0%。干枣含糖59.9%,酸0.25%。干枣富弹性,耐挤压。核较大,纺锤形,含仁率较高,种仁较饱满。结果较早,产量高而稳定。原产地果实9月下旬成熟,果实生育期100天左右。

(3)适栽地区和栽培技术要点:适应性较强,为新郑枣区著名的制干优良品种,干枣富弹性,耐挤压,果实成熟期遇雨裂果轻。鸡心枣主要出口日本,深受日本消费者欢迎,宜在原产区适量发展。果核较大,可食率较低,需开展株系选优,以提高品质。鸡心枣为制干品种,应在完熟期采收,以提高干枣质量。

9. 无核小枣

又名虚心枣、空心枣。

(1)品种来源与分布:原产山东乐陵、庆云、无棣及河北盐山、沧县、交河、献县、青县等地,以乐陵栽培较多,栽培历史悠久。古农书《齐民要术》就有无核枣的记载,是一个古老的地方名优品种,目前乐陵市郭家乡宋文海村尚有500多年的老龄枣树。

(2)主要性状:树势中等或较弱,树体中大,树冠自然半圆形,树姿开张,枣头红褐色,二次枝自然生长5~7节,针刺较发达。枣股抽吊力较强,枣吊长13~18厘米。叶中大,卵状披针形。花小,花量多,昼开型。蜜盘杏黄色。果实小,圆柱形,纵径2.3~3.0厘米,横径1.2~4.8厘米,平均果重3.9克,大小不均匀。果皮薄,鲜红色,果面平滑。果肉厚,白色或乳白色,肉质细而甜脆,汁液较少,适宜制干,干枣品质上等,制干率53.8%。鲜枣可食率98.0%以上,含可溶性固形物33.3%,干枣含糖75.0%~78.0%,酸10.8%。中小果核大部分退化为膜状软化,少数大果核种仁发育正常。核较大,长纺锤形。结果迟,产量较低。原产地果实9月中旬成熟,果实生育期95天左右。

(3)适栽地区和栽培技术要点:适应性较差,对土壤条件要求较严,宜在原产地栽培。该品种产量低,果实小,大小不均匀,今后应发展经鉴定和审定的优良品种。

10. 官滩枣

(1)品种来源与分布:原产地山西省襄汾县官滩村,为当地主栽品种,现已成为该县主要发展品种。

(2)主要性状:树势中等,树体较大,枝条较密,干性较弱,树冠自然半圆形,树姿半开张。枣头红褐色,二次枝自然生长5~7节,针刺较发达。枣股抽吊力强,枣吊长15厘米左右。叶小,长卵形,深绿色。花小,花量中多,5:30左右蕾裂,蜜盘橘黄色。果实中大,长圆形,纵径3.9厘米,横径2.5厘米,平均果重11.0克,果皮厚,深红色,果面欠平滑。果肉厚,绿白色,肉质细而较致密,味甜,汁液少,适宜制干,干枣品质上等,制干率52.0%。鲜枣可食率96.52%,含可溶性固形物34.5%,单糖11.36%,双糖13.36%,总糖65.07%,酸0.39%,糖酸比62.68:1,维生素C 445.9毫克/100克。每克鲜枣含环磷酸苷2.15纳摩尔。干枣可食率91.5%,维生素C 39.8毫克/100克,含单糖55.74%,双糖9.33%,总糖65.07%,酸0.94%,糖酸比69.21:1。含水量19.2%,钙0.22%,镁0.09%,锰5.34毫克/千克,铜2.65毫克/千克,铁45.5毫克/千克,每克干枣含环磷腺苷 15.61 纳摩尔。酒枣含可溶性固形物 42.0%,糖 31.37%,酸 0.85%,糖酸比 36.99∶1。维生素 C 6.05 毫克/100 克,含水量 51.0%。核小,纺锤形,大部核内仅有种皮。结果较迟,丰产,产量稳定,山西太谷果实 9 月下旬成熟,果实生育期 105 天左右。

(3)适栽地区和栽培技术要点:适应性较强,干枣品质优良。适宜北方大部宜枣区栽植。该品种为制干优良品种,果实应在完熟期采收,以提高干枣质量。产区应建立枣果烘烤设备。

11. 大平顶

又名平顶枣。

(1)品种来源与分布:分布于辽宁西部的朝阳、凌源、建昌等地,为当地主栽品种。栽培历史较长,清朝末年已在当地广泛栽培。

(2)主要性状:树势强,树体大,树冠多自然半圆形,树姿开张。枣头红褐色,针刺较发达。枣股抽吊力强,枣吊长 18.0~25.0 厘米。叶中大,卵形披针形,深绿色。花小,花量多,蜜盘浅黄色。果实中大,圆柱形或椭圆形,纵径 3.0~3.4 厘米,横径 2.0~2.3 厘米,平均果重 12 克,大小较均匀。果皮薄,鲜红色,果面较光滑。果肉中厚,乳黄色,肉质致密,味甜略酸,汁液中多,适宜制干,也可鲜食。鲜枣可食率 90.0%,含可溶性固形物 42.2%,酸 0.68%。核小,纺锤形,含仁率 50%左右,种仁较饱满。结果早,产量高而稳定,原产地 10 月初成熟,果实生育期 110~115 天。

(3)适栽地区和栽培技术要点:适应性强,适宜东北年均气温 8℃以上地区栽植。成熟期遇雨易裂果,应注意预防。该品种果核大,可食率低,应进行株系选优,以提高品种质量。

12. 临泽小枣

(1)品种来源与分布:分布于甘肃临泽、高台、九泉、金塔等地,为当地乡土主栽品种,栽培历史悠久,至今尚有 300 多年生老树生长。

(2)主要性状:树势中等,树体较大,干性较强,枝条较密,树冠自然圆头形,树姿开张,枣头褐红色,针刺发达。二次枝自然生长 3~8 节。枣股抽吊力较强。枣吊长 14.0~17.0 厘米。叶中大,长卵形。花中大,花量多,昼开型,蜜盘橘黄色。果实小,椭圆形,纵径 2.5 厘米,横径 2.2 厘米,平均果重 6.1 克,大小较均匀。果皮较薄,紫红色。果肉较厚,绿白色,肉质致密,味甜略酸,汁液中多,适宜制干,干枣品质上等,制干率 50.0%。鲜枣可食率 94.9%,含可溶性固形物 35.0%~38.0%,糖 32.8%,酸 0.78%,维生素 C 662.28 毫克/100 克。干枣含糖 72.8%~80.2%。核较小,纺锤形,含仁率低。结果较早,盛果期长,产量高。原产地 9 月下旬果实成熟,果实生育期 100 天左右。

(3)适栽地区和栽培技术要点:适应性强,适宜西北地区栽培。该品种适宜制干,应在完熟期采收,以提高干枣质量。

(二)兼用品种

1. 金丝小枣

(1)品种来源与分布:原产山东、河北交界地带。广泛分布于山东乐陵、庆云、阳信、寿光和河北沧县、献县、泊头、盐山、青县、南皮等地,为当地主栽品种,也是全国栽培最多的品种。栽培历史悠久,清代乾隆年间,乐陵金丝小枣曾作贡品,被皇帝封为"枣王",并赐予枣王匾。该品种果实晒至半干,可拉出6~7厘米长的金色细丝,故名"金丝小枣"。

(2)主要性状:树势中等,树体中大,干性中强,枝条中密,树姿大部分半开张,有少数植株树姿开张。枣头黄褐色,针刺较发达,二次枝自然生长5~8节。枣股抽吊力较强,枣吊长13~20厘米。叶较大,长卵形或卵状披针形,深绿色。花中大,花量多,昼开型。蜜盘中大,杏黄色。果实小,果形因株系而异,有椭圆形、鸡心形、倒卵形等。果皮薄,鲜红色,果面光滑。果肉厚,乳白色,肉质致密,细脆,味甘甜微酸,汁液中多,品质上等,适宜制干和鲜食,制干率55.0%~58.05%。鲜枣可食率96.0%,含可溶性固形物35.0%~38.0%,维生素C 560毫克/100克。干枣果形饱满,富弹性,味清甜。含糖74.0%~80.0%,酸1.0%。核小,纺锤形,含仁率较高,种仁较饱满。结果较迟,较丰产,产量较稳定。原产地9月下旬果实成熟,果实生育期100天左右。

(3)适栽地区和栽培技术要点:适应性较强,适于北方年均气候9℃以上地区栽植。平均气温9℃以下地区,果实成熟度差,影响枣果品质。金丝小枣栽培历史长,分布范围广,栽培数量多,种性分化重,类型繁多,品质差异较大。山东果树所等单位,已选出诸多个优良的品种,并通过有关部门鉴定、审定,今后应推广和发展已通过鉴定和审定的优良品种,以提高金丝小枣品种档次。金丝小枣为兼用型优良品种,应根据不同用途适时采收。若用于制干,应在完熟期采收,以提高干枣质量。同时产区要建立烘干设备。枣果成熟期下雨裂果严重,要注意预防。

2. 赞皇大枣

又名赞皇金丝大枣、赞皇长枣、大浦红枣。

(1)品种来源与分布:原产河北省赞皇县,为当地主栽品种,已有400多年的栽培历史,是目前发现的唯一三倍体品种。

(2)主要性状:树势强,树体大,干性中强,枝条较稀,树冠多自然圆头形,树姿半开张。枣头红褐色,针刺较发达,二次枝自然生长7~10节。枣股抽吊力中等,枣吊长12.0~22.0厘米,叶片厚而宽大,长卵形,深绿色。花大,花量较多,昼开型,蜜盘中大,杏黄色。果实大,长圆形或倒卵形,纵径4.1厘米,横径3.1厘米,平均果重17.3克,最大29.0克,大小较均匀。果皮中厚,深红色,果面光滑。果肉厚,近白色,肉质致密细脆,味甜略酸,品质上等,适宜鲜食和制干、鲜枣可食率96.0%,含可溶性固形物30.5%。核小,纺锤形,不含种仁。结果较早,丰产性强,产量稳定,原产地果实9月下旬成熟,果实生育期110天左右。

(3)适栽地区和栽培技术要点:适应性强,适于北方宜枣区栽植。赞皇大枣为兼用型优良品种,应根据不同用途适时采收,成熟期遇雨裂果严重,近年来原产地多在白熟期采收加工蜜枣。抗枣疯力弱,应注意预防。

3. 板 枣

(1)品种来源与分布:原产于山西省稷山县,主要分布于原城关镇桃村、陶梁、南阳、下迪等村,为当地主栽品种。据《稷山县志》记载,栽培历史始于明代之前。

(2)主要性状:树势较强,树体较大,枝条较密,干性较弱,树冠自然半圆形或开心形,树姿半开张。枣头红褐色,针刺较发达,二次枝自然生长6~7节。枣股抽吊力强,枣吊长15厘米左右。叶片小,卵圆形,深绿色。花小,花量中多,昼开型。蜜盘小,杏黄色。果实较小或中大,扁倒卵形,纵径3.23厘米,横径2.73厘米,侧径2.38厘米,平均果重11.2克,大小较均匀。果皮中厚,紫红色,果面光滑。果肉厚,绿白色,肉质致密,甜味浓,汁液较少,品质上等,鲜食、制干和加工蜜枣兼用,多以制干为主,制干率57.0%。鲜枣可食率96.25%,含可溶性固形物41.0%,单糖14.29%,双糖19.38%,总糖33.67%,酸0.36%,糖酸比90.1:1,维生素C 499.7毫克/100克,含水量50.4%,钙0.472%,镁0.242%,锰4.684毫克/千克,铜3.015毫克/千克,铁31.431毫克/千克,每克鲜枣含环磷酸腺苷5.13纳摩尔。干枣含单糖66.76%,双糖7.74%,总糖74.5%,酸2.41%,糖酸比30.91:1。干枣可食率92.8%,含水量25.12%,维生素C 10.93毫克/100克,每克干枣含环磷酸腺苷15.09纳摩尔。酒枣含糖37.58%,酸0.91%,维生素C 7.13毫克/100克,钙0.203%,镁0.09%,锰4.658毫克/千克,铜2.449毫克/千克,铁34.429毫克/千克。核小,纺锤形,含仁率低。结果早,丰产,产量较稳定,山西太谷果实9月20日前后成熟,果实生育期100天左右。

板枣干枣品质好,市场竞争力强,经济效益高,深受国内外消费者欢迎。1973年以来远销日本、北美洲和东南亚,1993年获山西省首届博览会金奖,1994年获全国林业博览会金奖,1997年获山西首届干果评比省内十大名枣第一,2000年9月在山东乐陵全国红枣评比中获得金奖。产地1级干枣收购价每千克15~20元,供不应求。

(3)适栽地区和栽培技术要点:适于北方年均气候10℃以上地区栽植,采前落果较严重,应适时采收。产地枣疯病发生较严重,注意预防。成熟期遇雨而裂果严重,要采取有效措施,进行预防。

4. 骏枣

（1）品种来源与分布：原产于山西省交城县遍山一带，以瓦窑、磁窑、坡地、广兴等地栽培较集中，为当地主栽品种。栽培历史悠久，是当地一个古老的名优品种，历史上是山西四大名枣之一，是20世纪90年代以来，特别进入21世纪向新疆推广最多的名优品种，现已成为新疆主栽品种之一。

（2）主要性状：树势强健，树体高大，树冠自然圆头形，枝条粗壮，干性强，树姿半开张。枣头红褐色，针刺较发达，二次枝自然生长5~7节。枣股抽吊力中等，枣吊长16.0厘米以上。叶中大，长卵形，深绿色。花较大，花量中多，6:00左右蕾裂。蜜盘较大，橘黄色。果实大，圆柱形或倒卵形，纵径4.7厘米，横径3.3厘米，平均果重22.9克，最大50克以上，大小不均匀。果皮薄，深红色，果面光滑。果肉厚，白色或绿白色，肉质细而较松脆，味甜，汁液中多，品质上等，鲜食、制干、加工蜜枣、酒枣兼用，在新疆主要用于制干，已成为近年来北方市场上最常见的干枣品种。

鲜枣可食率96.29%，含可溶性固形物33.0%，单糖21.57%，双糖7.11%，总糖28.68%，酸0.45%，糖酸比63.12:1，维生素C 430.2毫克/100克，含水量63.3%，钙0.298%，镁0.227%，锰4.002毫克/千克，锌9.493毫克/千克，铜3.015毫克/千克，铁16.464毫克/千克，每克鲜枣含环磷酸腺苷41.251纳摩尔。干枣含单糖65.12%，双糖6.65%，总糖71.77%，酸1.58%，糖酸比45.3:1，维生素C 16.0毫克/100克，含水量23.2%，钙0.102%，镁0.084%，锰6.123毫克/千克，铜2.653毫克/千克，铁33.199毫克/千克，每克干枣含环磷酸腺苷121.32纳摩尔。酒枣含可溶性固形物36.3%，单糖30.5%，双糖0.33%，总糖30.83%，酸0.83%，糖酸比32.19:1，维生素C 6.81毫克/100克，含水量55.69%。核小，细长纺锤形，小果形核退化，大果形核含仁率30.0%左右，种仁不饱满。结果较迟，盛果期长，丰产。山西太谷果实9月中旬成熟，果实生育期100天左右。

（3）适栽地区和栽培技术要点：抗旱、抗盐碱、抗枣疯病力强，原产地历史上未发生过枣疯病。适于西北宜枣区栽植。骏枣为兼用优良品种，应根据不同用途适时采收。枣果不抗裂，并易感病，应注意防治。

5. 壶瓶枣

（1）品种来源与分布：壶瓶枣是古老的地方名优品种，与骏枣齐名，历史上为山西四大名枣之一。分布于山西太谷、清徐、祁县、榆次及太原市郊区等地，以太谷和清徐栽培较多，各产区数百年生老龄枣树很多。壶瓶枣也是21世纪新疆开发利用的名优品种之一，已成为新疆三大主栽品种之一。

（2）主要性状：树势强健，树体高大，干性中强，枝条粗壮，树冠自然圆头形，树姿半开张。枣头红褐色，针刺较发达，二次枝自然生长6~7节。枣股抽吊力中等,枣吊长 14.0 厘米左右。叶中大,长卵形,深绿色。花较大,花量中多,5:30 左右蕾裂。蜜盘较大,橘黄色。果实大,倒卵形或圆柱形,纵径 4.7 厘米,横径 3.13 厘米,平均果重 19.7 克,大小不均匀。果皮薄,深红色,果面光滑。果肉厚,绿白色。肉质细而较松脆,味甜,汁液中多,品质上等,鲜食、制干、加工酒枣、蜜枣兼用,是加工酒枣最好的品种之一,新疆主要用于制干。鲜枣可食率 96.9%,含可溶性固形物 37.8%,单糖 19.63%,双糖 10.72%,总糖 30.35%,酸 0.57%,糖酸比 52.92:1,维生素 C 496.1 毫克/100 克,含水量 58.6%。钙 0.201%,镁 0.228%,锰 3.967 毫克/千克,锌 9.493 毫克/千克,铜 3.183 毫克/千克,铁 19.457 毫克/千克。每克鲜枣含环磷酸腺苷 127.5 纳摩尔。干枣含单糖 56.14%,双糖 15.24%,总糖 71.38%,酸 3.15%,糖酸比 22.66:1,可食率 93.5%,维生素 C 30.13 毫克/100 克,钙 0.191%,镁 0.078%,锰 6.134 毫克/千克,锌 9.493 毫克/千克,铜 2.653 毫克/千克,铁 51.64 毫克/千克。每克干枣含环磷酸腺苷 289.77 纳摩尔。核小,细长纺锤形,不含种仁,小枣核退化成软壁。结果较早,丰产,产量较稳定。山西太谷果实 9 月中旬成熟,果实生育期 100 天左右。

(3)适栽地区和栽培技术要点:适宜性强。适于北方宜枣区和西北地区栽植。该品种为兼用型品种,应根据不同用途适时采收。成熟期遇雨裂果严重,枣果易感染黑斑病,应注意预防。

6. 灰 枣

又名新郑灰枣、大枣。

(1)品种来源与分布:分布于河南新郑、中牟、西华和郑州郊区等地,为当地主栽品种,也是全国十大主导品种之一,21 世纪新疆开发利用主要品种之一。灰枣起源于新郑,栽培历史悠久,至今尚有 500 多年生老龄枣树生长。2006 年通过河南省林木品种审定委员会审定。

(2)主要性状:树势中等,树体中大,干性中强,枝条中密,树冠自然圆头形,树姿半开张。枣头红褐色,针刺较发达,二次针自然生长 5~7 节。枣股抽吊力较强,枣吊长 13.0~22.5 厘米。叶中大,长卵形,深绿色。花中大,花量多,昼开型。蜜盘小,浅黄色。果实中大,长卵形,纵径 3.2~3.4 厘米,横径 2.1~2.3 厘米,平均果重 12.3 克,大小较均匀。果皮中厚,橙红色,果面较平滑。果肉厚,绿白色,肉质致密,较脆,味甜,汁液中多,品质上等,适宜制干、鲜食和加工蜜枣,制干率 50.0% 左右。新疆主要用于制干,干枣品质优良。鲜枣可食率 97.3%。核小,纺锤形,含仁率高,种仁较饱满。结果较迟,产量较高。原产地 9 月中旬果实成熟,果实生育期 100 天左右。

(3)适栽地区和栽培技术要点:适应性较强,适宜原产地和西北区栽植。该品种为兼用型品种,应根据不同用途,适时采收。抗枣疯病力较弱,成熟期遇雨裂果严重,应主要预防。

7. 晋 枣

又名彬县晋枣、吊枣、长枣。

(1) 品种来源与分布：分布于陕西和甘肃交界的彬县、长武、宁县、泾川、正宁、灰阳等地，为当地原有的主栽品种，是陕西著名的优良品种。

(2) 主要性状：树势强，树体高大，干性强，树姿直立，树冠呈圆柱形。枣头红褐色，针刺较发达。中心主枝枣头生长势强，生长量大，其他侧枝、辅养枝枣头生长势弱，生长量小。枝条硬，二次枝自然生长 5~7 节。枣股抽吊力强，枣吊长 12~27 厘米。叶较大，卵状披针形，绿色。花较大，花量多，7：00 左右蕾裂。蜜盘中大，杏黄色。果实大，长卵形或圆柱形，纵径 4.6~6.0 厘米，横径 3.1~3.8 厘米，平均果重 21.6 克，大小不均匀。果皮薄，赤红色，果面不平滑。果肉厚，乳白色，肉质细而酥脆，甜味浓，汁液较多，品质上等，适宜鲜食、制干和蜜枣加工。鲜枣可食率 97.87%，含可溶性固形物 30.2%~32.2%，最高达 35.0%，糖 26.9%，酸 0.21%，维生素 C 390.0 毫克/100 克。干枣含糖 68.7%~78.4%。核小，细长纺锤形，含仁率低。根蘖苗结果较迟，嫁接苗结果较早，盛果期长，产量较高。原产地 10 月初果实成熟，果实生育期 110 天左右。

(3) 适栽地区和栽培技术要点：适应性较强，成熟较晚，适于北方年均气温 10℃ 以上地区栽植。对肥水条件要求较高，应加强综合管理。抗裂性差，应注意预防。

8. 延川狗头枣

又名狗脑枣。

(1) 品种来源及分布：原产陕西省延川县张家河乡庄头村一带，为地方乡土品种。2001 年 12 月通过陕西省林木品种审定委员会审定。

(2) 主要性状：树势强，树体高大，树冠自然圆头形，树姿开张。枣头紫褐色，针刺不发达。枣股抽吊力较强，枣吊长 12.24 厘米。叶中大，卵状披针形，深绿色。花小，花量少，蜜盘杏黄色。果实大，卵圆形，纵径 4.1~4.8 厘米，横径 2.9~3.1 厘米，平均果重 18.2 克，大小不均匀。果皮中厚，深红色，果肉较厚，绿白色，肉质致密细脆，味甜，汁液较多，品质上等，适宜鲜食和制干，制干率 47.0%。鲜枣可食率 94.5%，含可溶性固形物 32.0%，维生素 C 323.0 毫克/100 克。干枣含可溶性糖 75.0%。核较小，纺锤形，含仁率较高。结果较早，产量高而稳定。原产地果实 10 月上旬成熟，果实生育期 100~110 天。

(3) 适栽地区和栽培技术要点：适应性一般，适于原产地和北方年均气温 10℃ 以上，土壤条件较好的地区栽植。该品种以鲜食为主，应采用控冠修剪技术，以便于采收。成熟时遇雨裂果严重，应注意预防。

9. 油 枣

又名保德油枣、佳县油枣。

(1) 品种来源及分布：分布于黄河中游沿岸的山西保德、兴县和陕西府谷、佳县等地,以保德、兴县和佳县栽培较集中。油枣是古老的乡土品种,栽培历史悠久,佳县泥河沟村现有唐代老枣林,最大的干周3.2米,树冠完整,每年尚可产鲜枣50千克左右。2001年通过陕西省林木品种审定委员会审定,2003年通过山西省林木品种审定委员会审定。

(2)主要性状:树势较强,树体较大,干性较弱,树冠乱头形,枝条较密,树姿开张。枣头红褐色,针刺较发达,二次枝自然生长5~8节。枣股抽吊力中等,枣吊长17厘米左右,叶长卵形,深绿色。花大,花量较多,昼开型。蜜盘大,杏黄色。果实中大,椭圆形,纵径3.5厘米,横径2.81厘米,平均果重11.55克,大小较均匀,果皮中厚,深红色,果面光滑。果肉厚,绿白色,肉质致密,味甜酸,汁液中多,品质中上,制干、鲜食和加工蜜枣兼用,制干率50%左右。鲜枣可食率97.32%,含可溶性固形物33.6%,单糖26.65%,双糖0.73%,总糖27.38,糖酸比34.17:1,维生素C 511.44毫克/100克,钙0.263%,镁0.087%,锰4.76毫克/千克,锌7.103毫克/千克,铜2.6毫克/千克,铁21.876毫克/千克。干枣含可溶性固形物75.9%,单糖71.29%,双糖0.6%,总糖71.29%,酸1.87%,糖酸比39.3:1,可食率93.5%,维生素C 26.6毫克/100克,钙0.16%,镁0.089%,锰4.988毫克/千克,铜2.245毫克/千克。酒枣含可溶性固形物39.0%,单糖27.45%,双糖0.67%,总糖28.12%,酸1.15%,糖酸比24.54:1,维生素C 6.82毫克/100克。核小,纺锤形,不含种仁。结果较早,盛果期长,丰产,产量较稳定。山西太谷果实9月20日前后成熟,果实生育期105天左右。

(3)适栽地区和栽培技术要点:适应性强,品质中上,适于产地适量发展。油枣为兼用品种,应根据不同用途适时采收。用于制干,应在完熟期采收,以提高干枣质量。

10. 敦煌大枣

又名哈密大枣、五堡大枣。

(1)品种来源与分布:原产甘肃敦煌,100多年前引入新疆哈密市,形成主产区。目前,哈密市区、回城、大泉湾、大南湘等地也有栽培。

(2)主要性状:树体较高大,干性较强,树冠自然圆头形或半圆形,树姿半开张。枣头黄褐色,针刺发达。叶片较小,卵状披针形。花较大,花量少,昼开型。果实中大,近卵圆形,纵径3.5厘米,横径3.2厘米,平均果重14.7克,最大25克,大小不均匀。果皮较厚,紫红色。果面光滑。果肉厚,肉质致密,较硬,汁液少,适宜制干,亦可加工蜜枣、酒枣。鲜枣可食率96.46%,含可溶性糖20.0%,可滴定酸0.64%,维生素C 404毫克/100克,制干率47%以上。干枣含可溶性糖74.70%~78.3%,可滴定酸1.0%~1.14%。核小,短纺锤形,纵径1.9厘米,横径0.7厘米,平均重0.52克,不含种仁。当地9月中旬果实成熟,果实生育期100天左右。

(3)适栽地区和栽培技术要点:适应性强,抗寒、耐旱、抗病虫,成熟期易落果。适宜甘肃河西走廊地区和新疆维吾尔自治区东部干旱地区栽培。

11. 柳林牙枣

(1)品种来源与分布:分布于山西柳林县黄河沿岸孟门、薛村、高家沟、石西、三交等乡镇,是当地次主栽品种,栽培历史悠久,现有千余年生的老枣树林,是一个古老的乡土品种(表4-1)。

(2)主要性状:树势中等,树冠高大,树姿开张,树冠乱头形。枣头红褐色,针刺较发达。枣股抽吊力中等,枣吊细而长,平均长23.3厘米,偶有副吊。叶中大,长卵形,深绿色。果实小,长圆形,纵径2.8厘米,横径2.2厘米,平均果重6.1克,大小不均匀,大果达15克以上,小果仅2克左右。果皮薄,深红色至紫红色,果面光滑。果肉厚,绿白色,肉质细而较脆,味酸甜,汁液中多,品质中上,适宜鲜食和制干。鲜枣可食率95.5%,含可溶性固形物34.%,干枣含糖59.9%,酸0.87%,维生素C 19毫克/100克,钙0.10%,钾0.66%,锌2.63毫克/千克,硒0.15纳摩尔。核小,细长纺锤形,大果含种仁,种仁不饱满,中小果不含种仁。结果较早,产量较高。当地9月中旬果实成熟,果实生育期100天左右。

(3)适栽地区和栽培技术要点:适应性较强,适于黄河中游滩地和黄土丘陵区栽培。该品种抗病虫害较弱,果实成熟期遇雨易裂果,应注意预防。

表4-1 柳林县孟门镇高家塔村千年生古枣树调查表

树 号	干高（米）	干周（米）	树高（米）	冠径东西(米)	冠径南北(米)	鲜枣产量（千克）	备 注
1	0.95	2.30	10.5	9.50	8.20	25	
2	1.23	1.92	9.40	8.60	6.80	21	
3	2.20	1.9	8.20	8.30	7.40	19.5	
4	1.81	2.24	8.80	7.50	7.60	18	
5	1.84	1.93	9.70	8.60	8.30	20.5	
6	1.23	2.05	10.30	8.60	9.00	25	
7	1.62	1.70	10.50	10.30	8.40	20	
8	1.48	1093	11.40	8.30	8.30	25.5	
9	1.42	1.95	8.80	7.40	8.30	20	
10	2.30	1.80	9.10	7.20	6.80	15	
11	1.20	2.30	10.80	8.50	8.30	27.5	
12	1.25	1.70	11.00	11.20	11.40	32.5	
13	1.46	1.85	9.60	6.90	8.80	20	
14	2.10	1.80	10.30	5.90	6.70	15.5	

(续)

树 号	干高(米)	干周(米)	树高(米)	冠径东西(米)	冠径南北(米)	鲜枣产量(千克)	备 注
15	2.30	2.53	10.80	9.10	8.73	24	
16	1.95	1.65	9.20	5.50	7.30	17.5	树干空洞
17	1.35	2.35	11.30	8.50	6.10	15	
18	1.76	1.95	9.20	6.30	5.20	20	树干空洞
19	1.35	1.90	9.00	9.00	8.50	20	树干空洞
20	1.96	2.10	10.30	5.20	6.30	10	树干空洞
21	1.76	1.93	8.50	6.50	7.60	12.5	
22	1.66	1.90	9.56	9.80	8.30	20	树干空洞
23	1.53	2.20	6.30	7.20	6.70	7.5	树干空洞
24	1.92	1.94	5.80	6.91	4.96	5	
25	2.60	2.30	7.50	8.10	7.70	10	
26	1.23	1.92	7.40	6.80	5.30	10	
27	1.73	1.62	10.40	9.60	8.80	20	
28	1.60	2.45	9.50	9.10	9.05	32.5	树干空洞
29	1.95	1.85	10.40	8.20	8.50	30	
30	1.75	1.80	7.30	8.10	8.30	10	
31	1.78	1.71	7.50	6.40	5.90	7.5	树干空洞
32	1.80	2.32	7.20	7.30	7.60	12.5	树干空洞
33	2.35	1.83	7.50	8.20	7.60	16.5	
34	1.84	1.76	12.00	7.80	8.00	27.5	
35	1.40	1.67	9.00	8.40	8.50	30	
36	1.82	1.55	7.40	5.80	6.20	10	
37	2.10	2.30	8.60	5.00	6.30	10	
38	1.82	1.45	7.80	5.20	6.50	7.5	树干空洞
39	0.95	1.92	9.00	5.10	5.50	10	
40	1.75	1.75	7.50	6.30	6.60	10	树干空洞
41	1.05	2.00	8.50	6.00	7.20	10	
42	1.51	1.95	8.50	5.50	4.60	10	树干空洞
43	3.20	2.20	10.20	6.20	7.60	10	
44	1.85	1.95	10.40	8.50	8.00	15	
45	1.20	1.80	7.30	6.00	5.30	7.5	

(续)

树 号	干高（米）	干周（米）	树高（米）	冠 东西(米)	径 南北(米)	鲜枣产量（千克）	备 注
46	3.50	1.85	9.80	7.20	6.40	12.5	树干空洞
47	1.26	2.15	10.40	7.40	6.60	20	树干空洞
48	1.15	2.10	7.20	6.80	7.20	10	
49	1.73	1.72	8.50	7.00	8.20	11.5	
50	1.96	1.83	10.40	6.40	7.60	12.5	
51	1.24	1.91	9.50	7.50	6.40	12.5	
52	2.20	2.22	9.30	6.90	6.30	15	
53	0.90	1.90	9.60	8.50	6.80	20	
54	1.84	1.85	10.00	7.90	8.00	25	
55	1.50	2.10	10.30	8.40	7.20	25	
56	2.20	2.10	10.50	7.90	5.60	15	

注：
1. 参加调查人员：
　　山西农科院园艺研究所研究员山西红枣协会会长　张志善
　　山西省农科院园艺研究所副研究员　郭绍仙
　　山西省柳林县林业局总工程师　高海平
　　山西柳林县林业局工程师　韩建国
　　山西柳林县孟门镇林业站长　柳长亮
　　山西柳林县孟门镇高家村村委主任　高长大
2. 调查时间：2016年10月12日。
3. 枣树品种：牙枣。
4. 立地条件：黄土高原丘陵旱地。
5. 鲜枣产量为估算数。

（三）鲜食品种

1. 冬　枣

又名冻枣、苹果枣、冰糖枣、雁过红、沾化冬枣、黄骅冬枣、鲁北冬枣等。

（1）品种来源与分布：原产河北黄骅、盐山、山东沾化、枣庄、无棣等地。1985年之前，多为农户零星栽培。据报道，20世纪末不完全统计，在河北黄骅市齐家务乡东、西巨官等村，有近千株百年以上的冬枣树，树龄最大的有400年左右，是冬枣的原产区域。山东沾化的冬枣，主要分布于下洼、大高、古域等乡镇，1984年枣树资源普查时，发现百年生左右的冬枣树有50余株。1999年通过山东省农作物品种审定委员会审定，定名为"鲁北冬枣"。2005年通过河北省林木品种审定委员会审定，定名"黄骅冬枣"。冬枣品质优良，是20世纪90年代以来,继临猗梨枣后,在全国范围内,发展最快,发展最多,开发利用最好的鲜食名优品种,现已成为全国十大主导品种之一。

(2)主要性状:树势中等,树体中大,干性中强,枝条较密,树冠自然半圆形,树姿开张。枣头紫褐色,针刺基本退化。二次枝自然生长5~8节。枣股抽吊力中等,枣吊平均长15~20厘米。叶中大,长卵形或卵状披针形,深绿色。边缘向叶面稍卷曲。花小,花量多,夜开型。果实中大,近圆形,纵径2.9厘米,横径3.0厘米,平均果重13.0克,大小不均匀。果皮薄,赭红色,果面光滑。果肉厚,绿白色,肉质细嫩酥脆,味甜,汁液多,品质极上,适宜鲜食。鲜枣可食率94.67%,含可溶性固形物38.0%~42.0%,维生素C 303.0毫克/100克。核较小,短纺锤形,含仁率高,种仁较饱满,多为单仁。结果较早,较丰产,产量稳定。原产地果实10月上中旬成熟,果实生育期120天。

(3)适栽地区和栽培技术要点:冬枣是北方地区20世纪发展速度最快,发展数量最多,栽培效益最好的鲜食名优品种。该品种成熟晚,果实生育期长,适宜北方年均气温11℃以上地区栽培。为便于采收,宜采用矮化密植栽培,产区要相应建鲜枣保鲜库。近几年来,陕西大荔、山西临猗等地,快速推广冬枣设施栽培,取得了明显的经济效益。

2. 临猗梨枣

又名梨枣。

(1)品种来源与分布:原产山西临猗、运城等地,栽培数量不多,据古文献《尔雅》记载,古时称大枣,已有3000余年的历史。

梨枣是山西省果树研究所1962年资源调查中发现的稀有名贵品种,20世纪60年代中期,引入山西省果树所枣资源圃(当时称枣原始材料圃),经观察,表现结果早,特丰产,果实特大,品质好。20世纪80年后期,山西省交城县林科所引种进行矮密早丰产试验,取得良好试验效果,首先向全国有关枣区推广,20世纪90年代,由原产地临猗县大量发展,并向全国有关枣区广泛推广,成为全国首先开发利用的鲜食名优品牌。2003年通过山西省林木品种审定委员会审定。2005年通过河北省林木品种审定委员会审定。

(2)主要性状:树势中等,树体较小,干性弱,枝条密,树冠自然圆头形,树姿开张。枣头红褐色,针刺不发达,二次枝自然生长6~8节。枣股抽吊力强,枣吊长16.0厘米左右。叶片较小,卵圆形,深绿色。花中大,花量少,昼开型。蜜盘较小,杏黄色。果实特大,长圆形,纵径4.2厘米,横径4.0厘米,平均果重30.0克左右,大小不均匀。果皮薄,浅红色,果面欠平滑。果肉厚,白色,肉质较细而松脆,味甜,汁液多,品质上等,适宜鲜食和加工蜜枣。近年来,由于冬枣品质优于梨枣,加之梨枣不抗裂果,原产地主要用于加工蜜枣。鲜枣可食率96.0%,含可溶性固形物27.9%,单糖17.0%,双糖5.25%,总糖22.25%,酸0.33%,糖酸比 67.43：1，维生素 C 292.25 毫克/100 克，含水量 69.896，钙 0.304%，镁 2.27%，锰 1.786 毫克/千克，锌 8.341 毫克/千克，铜 2.345 毫克/千克，铁 58.039 毫克/千克。核小,纺锤形,不含种仁。结果早,早丰性强,特丰产,交城县林科所 3 年生密植丰产试验园,667 平方米产鲜枣 1391.5 千克。临猗县庙上乡山东庄村黄小民丰产试验园,667 平方米产鲜枣 3000 千克以上。山西太原地区果实 9 月下旬至 10 月上旬成熟,果实生育期 110 天左右。

（3）适栽地区和栽培技术要点：适应性较强,全国宜枣区均可栽植,北方鲜食和加工蜜枣兼用,南方主要加工蜜枣。该品种坐果率高,不需要采用环剥和喷施促花坐果剂。

3. 永济蛤蟆枣

又名蛤蟆枣。

（1）品种来源与分布：原产山西永济市仁阳、太宁等地。为当地乡土主栽品种。栽培历史不详。因果面凹凸不平,形似蛤蟆背部皮纹,故名蛤蟆枣。

（2）主要性状：树势强健,树体高大,中心干较强,枝条中密、粗壮,树冠乱头形,树姿较直立。枣头红褐色,针刺不发达。二次枝自然生长 4~7 节。枣股抽吊力中等,枣吊长 17.0 厘米左右。叶片大,长卵形。花大、花量中多,6:00 左右蕾裂。蜜盘大,橘黄色。果实特大,扁柱形,纵径 5.59 厘米,横径 3.98 厘米,平均果重 34.0 克,大小不均匀。果皮薄,深红色,果面不平滑,有明显瘤状隆起和紫黑色斑点。果肉厚,绿白色,肉质细而较松脆,味甜,汁液较多,品质上等,适宜鲜食。鲜枣可食率 96.48%,含可溶性固形物 28.5%,单糖 21.08%,双糖 2.73%,总糖 23.81%,酸 0.43%,糖酸比 24.24：1,维生素 C 397.46 毫克/100 克,含水量 68.4%,钙 0.485%,镁 0.249%,锰 4.077 毫克/千克,锌 10.2 毫克/千克,铜 2.178 毫克/千克,铁 27.938 毫克/千克。每克鲜枣含环磷酸腺苷 7.5 纳摩尔。核小,细长纺锤形,不含种仁。结果较早,产量中等。山西太谷 9 月下旬果实成熟,果实生育期 100 天左右。

（3）适栽地区和栽培技术要点：适应性强,适宜北方宜枣区栽培。鲜枣耐贮藏,成熟期遇雨易裂果,应注意预防。产区应建鲜枣贮藏保鲜库。

4. 不落酥

又名落地酥。

（1）品种来源与分布：原产于山西省平遥县辛村乡赵家庄等地,栽培数量不多,历史不详。

（2）主要性状：树势较弱,树体较小,干弱性,枝条细而较密,树冠乱头型,树姿开张。枣头红褐色,针刺基本退化,二次枝自然生长 5~6 节。枣股抽吊力强,枣吊细而长。叶中大,长卵形。花中大,花量较少,5~6 时蕾裂。蜜盘较大,橘黄色。果实大,长扁柱形或长扁圆形,纵径 4.45 厘米,横径 3.22 厘米,侧径 2.8

厘米,平均果重 20.25 克,大小不均匀。果皮中厚,紫红色,果面欠平滑。果肉厚,绿白色,果肉细而酥脆,甜味浓,口感极好,品质特上,适宜鲜食。鲜枣可食率96.64%,单糖 13.87%,双糖 11.25%,总糖 25.12%,酸 0.42%,糖酸比 59.95:1,维生素C 255.52毫克/100 克,钙 0.375%,镁 0.204%,锰 3.857 毫克/千克,铁 37.75 毫克/千克。核较小,纺锤形,不含种仁。结果较早,产量中等,山西太谷果实 9 月 20 日前后成熟,果实生育期 100 天左右。

(3)适栽地区和栽培技术要点:适应性较强,宜在北方宜枣区栽植。该品种为鲜食优良品种,宜采取矮密栽培和控冠修剪技术,以便于采收。枣果成熟期遇雨易裂果,应注意预防。

5. 山东梨枣

又名脆枣,钙枣。

(1)品种来源及分布:原产于山东,河北交界处的乐陵、庆云、无棣、盐山、黄骅等地,多为零星栽培,由山东果树研究所1990年选定。

(2)主要性状:树势中等,树体中大,干性较强,树冠自然半圆形,树姿开张。枣头紫褐色,针刺不发达,二次枝自然生长 5~8 节。枣股抽吊力中等,枣吊粗而长。叶中大,卵状披针形,深绿色。花量特多,无花粉,夜开型。蜜盘杏黄色。果实大,倒卵形,纵径 3.6~3.9 厘米,横径 3.4 厘米,平均果重 16.5 克,最大 55.0 克,大小不均匀。果皮较薄,赭红色,果面不平滑。果肉厚,绿白色,肉厚、细而松脆,味甜微酸,汁液中多,品质上等,适宜鲜食。鲜枣可食率 95.8%,含可溶性固形物 32.6%。核小,纺锤形,含仁率较高,种仁不饱满。结果早,较丰产。原产地果实 9 月中上旬成熟,一般年份不裂果,果实抗病性强。

(3)适栽地区和栽培技术要点:适应性强,全国宜枣区均可栽培。该品种为鲜食优良品种,宜采用矮密栽培和控冠修剪技术,以便于采收。并需配置授粉树。

6. 蜂蜜罐

(1)品种来源与分布:原产陕西大荔县官池、北丁、中草一带,栽培数量不多。20 世纪以来,江苏、安徽等地引种栽培,长势良好。目前在山西、河北等地有一定数量栽培。

(2)主要性状:树势较强,树体中大,干性较强,树冠自然圆头形,树姿半开张。枣头红褐色,针刺不发达,二次枝自然生长 3~8 节。枣股抽吊力较强,枣吊长 11~20 厘米。叶片小而较厚,卵状披针形,深绿色。花小,花量多,夜开型。蜜盘小,杏黄色。果实较小,近圆形,纵径 2.5 厘米,横径 2.4 厘米,平均果重 7.7 克,最大 11.0 克,大小较均匀。果皮薄,鲜红色,果面不平滑,有纵状隆起。果肉较厚或中厚,绿白色,肉质细脆,味甜,汁液较多,品质上等,适宜鲜食,口感好。鲜枣可食率 93.77%,含可溶性固形物 25.0%~28.0%。核较大,短倒卵形,含仁率高,种仁较饱满。结果早,产量中等。山西太原地区果实9月20日前后成熟,果实生育期100天左右。

(3)适栽地区和栽培技术要点:适应性强,全国宜枣区均可栽培。蜂蜜罐为鲜食优良品种,宜采取矮密栽培和控冠修剪技术,以便于采收。产量中等,要加强综合管理。

7. 孔府酥脆枣

(1)品种来源与分布:起源于山东曲阜孔庙,为地方鲜食优良品种,2000年通过山东省农作物品种鉴定委员会审定,定名为"孔府酥脆枣"。近年来山西太原、太谷、运城、吕梁等地引种栽培,均表现良好。

(2)主要性状:树势较强,树体高大,枝条中密,树冠自然圆头形,树姿较开张。枣头紫褐色,针刺不发达,二次枝自然生长5~7节。枣股抽吊力中等,枣吊长21.0~24.0厘米。叶片厚而中大,长卵形,深绿色。花中大,花量多,昼开型。蜜盘较小,浅黄色。果实中大,长圆形或长倒卵形,一般果重13.0~16.0克,大小较均匀。果皮中厚,深红色,果面不平滑。果肉中厚,乳白色,肉质较细而酥脆,甜味浓,汁液中多,品质上等,适宜鲜食。鲜枣含可溶性固形物35.0%~36.5%。核较大,纺锤形,含仁率高。结果早,早丰性强,丰产,产量稳定。原产地果实8月下旬成熟,果实生育期85天左右。

(3)适栽地区和栽培技术要点:适应性强,一般年份裂果少,适宜北方宜枣区栽培。该品种为鲜食品种,宜采取矮密栽培和控冠修剪技术。

8. 湖南鸡蛋枣

(1)品种来源与分布:原产于湖南溆浦、麻阳、衡山、祁阳等地,栽培数量不多,栽培历史200年以上。

(2)主要性状:树势中等,树体较大,枝条较稀,树冠圆头形,树姿开张。枣头棕红色,二次枝自然生长6~9节。枣股抽吊力中等,枣吊长19厘米左右。叶片较小,卵状披针形,深绿色。花较大,花量少,蜜盘较小,杏黄色。果实大,阔卵形,纵径3.4~4.3厘米,横径3.3~4.0厘米,平均重量19.4克,最大33.4克,大小不均匀。果皮薄,紫红色,果肉厚,绿白色,肉质疏松较脆,味甜,汁液多,品质上等,适宜鲜食和加工蜜枣。鲜枣可食率95.0%,含糖11.3%,酸0.19%,维生素C 333.5毫克/100克。核较小,含仁率低,种仁不饱满。结果早,丰产,产量稳定,山西太原地区果实9月下旬成熟,果实生长期100~110天。

(3)适栽地区和栽培技术要点:适应性强,引进黄河中游黄土丘陵栽培,表现良好。该品种为鲜食和蜜枣加工兼用品种,应该根据不同用途适时采收。若用于鲜食,应采用矮密栽培和控冠修剪技术,以便于采收。

9. 郎家园枣

(1)品种来源与分布:原产北京市朝阳区郎家园一带,过去北京东郊栽培较普遍,因产量低没有大规模发展。山西、山东、河北、陕西等地引种栽培。

(2)主要性状:树势较强,树体中大,干性较强,树冠多呈自然半圆形,树姿较直立。枣头红褐色,针刺不发达。枣股抽吊力中等,枣吊长16~20厘米,叶中大,卵状披针形,绿色。花小,花量多,昼开型。果实小,长圆形,纵径2.82厘米,横径2.09厘米,平均果重5.63克,大小较均匀。果皮较薄,深红色,果面平滑。果肉厚,绿白色,肉质酥脆,甜味浓,汁液多,品质上等,适宜鲜食。鲜枣可食率95.7%,含可溶性固形物35%,酸0.66%。核较小,纺锤形,含仁率高。结果较早,坐果率不高,原产地果实9月上旬成熟,果实生育期95天左右。

(3)适栽地区和栽培技术要点:适应性强,品质好,抗裂果,适于北方宜枣区栽植。产量低,需加强综合管理。该品种为鲜食优良品种,宜矮密栽培和控冠修剪。

10. 襄汾圆枣

(1)品种来源与分布:原产山西襄汾县,栽培数量不多,历史不详。20世纪90年代末引入陕西清涧,表现良好。

(2)主要性状:树势中等,树体中大,干性中强,枝条中密较细,树冠自然圆头形,树姿半开张。枣头黄褐色,针刺较发达,二次枝自然生长5~6节。枣股抽吊力强,枣吊长20厘米左右,叶片小,长卵形,浅绿色。花小,花量中多,蜜盘较小,橘黄色。果实中大,卵圆形,纵径3.55厘米,横径2.8厘米,平均果重15.4克,大小较均匀。果皮薄,浅红色,果面平滑。果肉厚,浅绿色,肉质细脆,味甜略酸,汁液多,品质上等,适宜鲜食,鲜枣耐贮藏。鲜枣可食率95%,含可溶性固形物25.8%,单糖9.58%,双糖9.44%,总糖19.02%,酸0.37%,糖酸比50.86∶1,维生素C 340.76毫克/100克,含水量71.2%,含环磷酸腺苷42.5纳摩尔。干枣含可溶性固形物68.2%,单糖53.16%,双糖4.33%,总糖57.49%,酸0.65%,糖酸比88.73∶1,含维生素C 17.93毫克/100克,含环磷酸腺苷132.85纳摩尔。酒枣含可溶性固形物32.1%,单糖25.53%,总糖25.53%,酸0.55%,糖酸比46.42∶1,含维生素C 7.53毫克/100克,含水量61.52%。

(3)适栽地区和栽培技术要点:适应性较强,鲜枣耐贮藏,有开发价值,适于北方枣区栽植。该品种为鲜食优良品种,宜采取矮密栽培和控冠修剪技术。发展数量多时,产区应建鲜枣保鲜冷库。

11. 成武冬枣

(1)品种来源与分布:原产山东成武,分布于成武、菏泽、曹县等地,栽培数量不多,历史不详,山东果树研究所1990年选定,山西南部引种栽培,表现较好。

(2)主要性状:树势较强,树体中大,枝条粗壮,树冠自然圆头形,树姿半开张。枣头红褐色,针刺不发达,二次枝自然生长5~7节。枣股抽吊力较强,枣吊长23厘米左右,叶片大而厚,卵状披针形,深绿色。花量较多。蜜盘中大,浅黄色。果实大,长卵形,纵径3.5~5.0厘米,横径2.3~3.3厘米,平均果重25.8克,大小不均匀。果皮中厚,深红色,果面欠平滑。果肉厚,乳白色,味甜微酸,汁液中多,品质上等,适宜鲜食。鲜枣可食率97.8%,含可溶性固形物35.0%~37.0%,核小,纺锤形,含仁率低。结果较早,产量较高。原产地果实10月上中旬成熟,果实生育期120天左右。

(3)适栽地区和栽培技术要点:适应性较强,果实成熟晚,适于年均气温10℃以上地区栽植。该品种适宜鲜食,应采取矮密栽培和控冠修剪技术,以便于采收。发展数量多时,应建枣保鲜库。一般年份不裂果,在山西南部运城、临猗等地成熟期遇雨易裂果,应注意预防。

12. 大白铃

别名梨枣、鸭蛋枣、馒头枣。

(1)品种来源与分布:起源于山东夏津,分布于山东武城、阳谷和河北献县等地,栽培数量不多。山西太原等地引种栽培,表现较好。

(2)主要性状:树势中等,树体较大,干性强,枝条中密,树冠自然半圆形,树姿较开张。枣头红褐色,二次枝自然生长5~7节,针刺不发达。枣股抽吊力中等,枣吊长15~18厘米,叶中大,长卵形,深绿色。花小,花量多。蜜盘中大,浅黄色。果实大,近圆形,纵径3.9~4.3厘米,横径3.8~4.1厘米,平均果重25克左右,最大42克,大小不均匀。果皮较薄,紫红色,果面欠平滑。果肉厚,绿白色,肉质松脆,味甜,汁液中多,品质上等,适宜鲜食。鲜枣可食率96.5%,含可溶性固形物33%左右。核小,纺锤形。结果早,产量稳定,原产地果实9月中旬成熟,果实生育期95天左右。

(3)适栽地区和栽培技术要点:适应性强,各地枣区均可栽植。该品种适宜鲜食,宜采取矮密栽培和控冠修剪技术,以便于采收。发展数量较多时,要考虑鲜枣贮藏。

13. 大瓜枣

(1)品种来源和分布:起源于山东东明,分布于山东东明的河店乡一带,栽培数量不多,多为零星栽培,栽培历史不详。1998年通过山东省农作物品种审定委员会审定。

(2)树势较强,枝条较稀,树姿开张。枣头红褐色,针刺不发达。枣股抽吊力较强,枣吊平均长14厘米左右。叶较小,长卵形,深绿色。花量多,蜜盘杏黄色。果实大,近圆形,纵径3.6厘米,横径3.85厘米,平均果重25.7克,最大50克以上。果皮薄,鲜红色,果面平滑。果肉厚,乳白色,肉质致密细脆,甜味浓,汁液中多,品质上中,适宜鲜食。鲜枣可食率95%,含可溶性固形物32%~34%。核较小,倒卵形,少数核肉含种仁。

(3)适栽地区和栽培技术要点:适应性强,一般年份裂果较少,果实抗病性强,宜枣地区均可栽植。大瓜枣为鲜食品种,宜采取矮密栽培和控冠修剪技术。栽培数量较多时,要考虑鲜枣贮藏保鲜。

14. 冷 枣

(1)品种来源与分布:原产江苏南京郊区,栽培数量不多,多为零星栽植,历史不详。

(2)主要性状:树势较强,树体中大,枝条细而较软,容易弯曲下垂,树冠自然半圆形,树姿开张。枣头褐红色,针刺不发达,二次枝自然生长5~6节,枣股抽吊力强,枣吊细而中长,平均长15厘米左右。叶较小,卵状披针形,深绿色。花小,花量多,昼开型。蜜盘小,浅黄色。果实小,柱形,纵径3.4厘米,横径2.2厘米,平均果重9.2克。果皮薄,浅红色,果面光滑。果肉厚,绿白色,肉质细而脆嫩,甜味浓,汁液多,口感好,品质上等,适宜鲜食。鲜枣可食率94%,含维生素C 364.8毫克/100克。核小,纺锤形,含仁率高。结果早,产量较高而稳定。原产地果实9月上旬成熟,果生长期95天左右。另据山西农科院园艺研究所枣品种园调查,树势不强,产量中等,枣果品质优良,口感特好,鲜枣可食率高达96.83%。

(3)适栽地区和栽培技术要点:适应性强,品质优良,口感好,宜枣区均可栽植。冷枣为鲜食优良品种,宜采取矮密栽培和控冠修剪技术,以便于采收,加强管理以提高产量。

15. 宁夏长枣

(1)品种来源与分布:宁夏长枣为地方乡土优良品种,2000~2005年分别在引黄灌区的灵武、永宁、中宁、青铜峡、石嘴山等地引种区试。

(2)主要性状:树体高大,树冠多呈自然圆头形,树姿直立。枣头红褐色,针刺较发达。叶中大,长卵形或卵状披针形。花中大,花量多,昼开型。果实较大,长圆柱形,平均果重15克,大小较均匀。果皮中厚,紫红色。果肉厚,绿白色,肉质细脆,汁液较多,味甜微酸,品质上等,适宜鲜食。鲜枣可食率94%左右,含可溶性固形物31%,糖25.3%,维生素C 693毫克/100克。产量中等。原产地9月下旬至10月初果实成熟,果实生育期115天左右。

(3)适栽地区和栽培技术要点:适应性较强,鲜食品质优良,引到陕西栽培,表现效果好。适于西北宜枣区栽植。该品种为鲜食优良品种,宜采取矮密栽培和控冠修剪技术。产区应建立鲜枣保鲜库。同时要加强综合管理,以提高产量。

16. 美蜜枣

(1)品种来源与分布:原产山西太谷里美庄村,栽培不多,历史不详。

(2)主要性状:树势中等,树体较小或中大,干性强,枝条细而中密,树冠圆锥形,树姿直立。枣头红褐色,针刺细而发达,二次枝自然生长5~6节,枣股抽吊力较强,枣吊细而中长,平均吊长15.79厘米。叶片小而薄,卵状披针形,绿色。花小,花量多,蜜盘小,浅黄色。果实较小,柱形,纵径3.4厘米,横径2.4厘米,平均果重10.5克,大小不均匀。果皮薄,浅红色,果面光滑。果肉厚,白色,肉质细嫩而脆,味甜微酸,汁液多,品质特上,口感特好,适宜鲜食。鲜枣含可溶性固形物30%,单糖22.88%,双糖4.14%,总糖27.02%,酸0.56%,糖酸比48.68:1,维生素C 336.9毫克/100克,钙0.246%,镁0.057%,锰3.85毫克/千克,锌5.054毫克/千克,铜2.364毫克,铁35.579毫克/千克。酒枣含可溶性固形物40.2%,单糖26.68%,双糖37.8%,总糖30.46%,酸0.77%,糖酸比39.61:1,维生素C 8.3毫克/100克,核小,纺锤形。结果较迟,产量中等,不够稳定。山西太谷地区果实9月中旬成熟,果实生育期95天左右。

(3)适栽地区和栽培技术要点:适应性较强,品质优良,口感特好,适宜北方城郊和工矿区栽植,枣果成熟遇雨裂果严重,应注意预防。产量中等,不够稳定,要加强综合管理,宜采用矮密栽培。

(四)蜜枣品种

1. 义乌大枣

又名大枣。

(1)品种来源与分布:分布于浙江义乌、东阳等地。为当地主栽品种,有700多年的栽培历史。原产东阳市茶坊,由实生株系选育而来。

(2)主要性状:树体较大,干性较强,树冠自然圆头形,树姿开张。枣头棕红色,生长势较弱,针刺不发达。枣股抽吊力中等,枣吊长18~22厘米。叶大,长卵形。花中大,花量多,夜开型。果实大,长圆形,纵径3.8厘米,横径2.7厘米,平均果重15.4克,最大18.5克,大小较均匀。果皮较薄,褐红色,果面不平滑。果肉厚,乳白色,肉质松,汁液少,白熟期鲜枣含可溶性固形物13.1%,可食率95.71%,维生素C 503.2毫克/100克,适宜加工蜜枣,蜜枣品质上等。核小,纺锤形,稍弯曲,含仁率高,种仁较饱满。结果较早,产量较高,多用马枣做授粉树,8月下旬果实白熟期采收,果实生育期95天左右。

(3)适在地区和栽培技术要点:义乌大枣抗旱不耐涝,适宜南方蜜枣加工区栽培。该品种对土壤条件要求较高,并需要配置授粉树。产量较高,但不太稳定,需加强综合管理。

2. 灌阳长枣

又名牛奶枣。

(1)品种来源与分布:来源于广西灌阳,为当地主栽品种,约占当地栽培总面积的98%以上。

(2)主要性状:树势强,树体较大,干性较强,枝条较密,树冠自然圆头形或半圆形,树姿开张。枣头灰棕色,针刺不发达。枣股抽吊力强,枣吊长14~25厘米,叶大,卵状披针形,深绿色。花量多。果实较大,圆柱形,纵径4.2~7.0厘米,横径2.2~2.7厘米,平均果重14.3克,最大20.5克,大小较均匀。果皮较薄,褐红色,果面不平滑,果肉厚,肉质较细,稍松脆,味甜,汁液少,适宜加工蜜枣,制干率35%~40%,蜜枣品质上等,鲜枣和干枣品质中等。鲜枣可食率96.9%,白熟期含可溶性固形物18%,脆熟期含糖27.9%。核小,长纺锤形,稍弯曲,核尖细长,种仁发育不良。结果较早,丰产,产量稳定,20年以上大树,株产鲜枣100~200千克。原产地9月上旬成熟,果实生育期100天左右。

(3)适栽地区和栽培技术要点:抗逆性和适应性强,山区、平原、沙土、黏壤土栽植均表现良好,引入山东乐陵、泰安,表现丰产,产量稳定,加工蜜枣品质优良。本品种适于南方蜜枣区栽植。原产地枣疯病发生严重,应引起重视,采取有效措施加以防治。除加工蜜枣外,也可鲜食和制干,应根据不同用途,适时进行采收。

3. 连县木枣

(1)品种来源及分布:分布于广东连州星子乡、大路边乡等地,为当地原有乡土品种和主栽品种,栽培历史在400年以上。

(2)主要性状:树势中等,树体中大,树冠自然半圆形,树姿较直立。枣头棕红色,针刺不发达,二次枝自然生长5~11节。枣股抽吊力中等,枣吊长14~20厘米,叶片中大,卵圆形。花量多,夜开型。果实中大,圆锥形,纵径3.8~5.0厘米,横径2.2~3.1厘米,平均果重13.3克,最大15.6克,大小均匀。果皮中厚,红色,果肉较厚,白绿色,肉质略松,味甜,汁液中多,品质中上,适宜加工蜜枣,蜜枣品质优良。核小,纺锤形。结果较迟,丰产。原产地7月底果实进入白熟期,白熟果生育期95~100天。在山东乐陵,脆熟果生育期115天左右。

(3)适栽地区和栽培技术要点:适应性强,山地、平地栽培均能较好生长和结果。引到山东泰安、乐陵,表现丰产、稳产。加工的蜜枣品质优良。适于南方枣区栽培。北方栽培宜选择年均气温较高的地区。该品种不抗枣疯病,应注意防治。

4. 宣城尖枣

又名长枣。

(1)品种来源及分布:原产安徽省宣城市水东,主要分布于水东、杨林等地,为当地主栽品种,栽培历史200余年。

(2)主要性状:树冠圆锥形,树姿开张。发枝力较弱,枣头红褐色,枣股抽吊力中等,多年生枣股有分歧现象。叶较大,卵状披针形。花量多,蜜盘浅黄色。果实大,圆柱形,纵径4.8厘米,横径3.7厘米,平均果重22.5克,大小均匀。果皮红色,果面光滑。果肉厚,乳黄色,肉质致密,味淡,汁液少,适宜加工蜜枣,蜜枣品质上等。鲜枣可食率97.0%,白熟期枣果含糖9.9%,酸0.27%,维生素C 351.1毫克/100克,蜜枣含维生素C 285.8毫克/100克。核小,纺锤形,含仁率高,种仁不饱满。结果早,早丰性强,丰产,稳产。原产地8月下旬枣果白熟,果实生育期95天左右。

（3）适栽地区和栽培技术要点:耐旱,不耐涝,适于南方蜜枣区风力较小,排水良好的地区栽植,该品种不抗枣疯病,应注意防治。

5. 宣城圆枣

又名团枣。

（1）品种来源及分布:分布于安徽宣城市宣州区水东、杨林等乡镇,为水东乡原产主栽品种。栽培历史已有300余年。

（2）主要性状:树势强,树体大,树冠多自然圆头形,树姿半开张。枣头暗紫色,针刺不发达。二次枝自然生长3~6节。枣股抽吊力较弱,多年生枣股有分歧现象。枣吊长11~18厘米,叶片中大,卵状披针形。花较大,花量中多,蜜盘浅黄色。果实大。近圆形,纵径3.58厘米,横径3.66厘米,平均果重24.5克,大小均匀。果皮薄,褐红色,果面光滑。果肉厚,淡绿色,肉质致密细脆,汁液中多,白熟期含糖10.7%,酸0.23%,维生素C 333.1毫克/100克。脆熟期味甜略酸,鲜食品质中上,加工蜜枣品质上等。鲜枣可食率94.7%。核小,短纺锤形,含仁率高,种仁饱满。结果早,丰产性强,产量稳定。原产地8月下旬枣果白熟,9月上旬枣果脆熟,白熟果生育期95天左右。

（3）适栽地区和栽培技术要点:适应性较强,抗旱,不耐涝,适宜南方蜜枣区排水良好的地区栽植。该品种丰产性强,产量稳定,应加强综合管理。

6. 大荔水枣

（1）品种来源和分布:分布于陕西大荔县枣区,北顶、西营、三教等地,栽培较多。栽培历史和品种来源不详。

（2）主要性状:树势中庸,树体中大,枝条中密,干性较弱,树冠自然圆头形,树姿开张。枣头红褐色,针刺不发达,二次枝自然生长4~6节。枣股抽吊力较强,枣吊长13~18厘米。叶片较小,长卵形。花量较少,夜开型。蜜盘小,浅黄色。果实较大,长圆形,纵径3.4厘米,横径3.1厘米,平均果重17.8克,大小较均匀,果皮中厚,深红色,果面不平滑。果肉厚,绿白色,肉质细而较松,味甜,汁液较少,品质中上,适宜加工蜜枣和制干。鲜枣可食率96.7%,干枣含糖72.2%,酸0.77%。核小,纺锤形,含仁率低,山西太原果实9月20日前后脆熟,果实生育期100天左右。

（3）适栽地区和栽培技术要点:适应性较强,引到山西中部太谷、太原和北部代县等地栽培,表现早果,丰产,果实品质较好,适宜北方蜜枣加工区栽植。该品种丰产性强,应加强综合管理,成熟期遇雨易裂果,落果现象较严重,故应加工蜜枣为主,白熟期采收,避免裂果和落果损失。

(五) 观赏品种

1. 胎里红

(1) 品种来源与分布：原产河南镇平县管寺、候集、八里庙一带，数量极少，历史不详。20世纪90年代以来，北方不少地方引种栽植。

(2) 主要性状：树势较强，树体中大，枝条中密，树冠自然圆头形，树姿开张。枣头紫褐色，二次枝自然生长3~7节，针刺不发达。枣股抽吊力较强，枣吊较长。叶中大，卵状披针形。花量多，幼蕾为紫色，至开花时逐渐变浅，花中大，7:00左右蕾裂。蜜盘中大，橘红色。果实较小，平均果枣10克左右，大小不均匀。落花后幼果为紫色，果实成熟前变为水红或粉红色，成熟后变为鲜红色，果实发育过程色泽多变，十分美观。果皮薄，果面光滑。果肉厚，绿白色，肉质细脆，味甜，汁液中多，品质中上，适宜鲜食和观赏。鲜枣含可溶性固形物32.5%。核小，细长纺锤形。当地果实9月下旬成熟，果实生育期100~110天，果实成熟期不一致。

(3) 适栽地区和栽培技术要点：适应性较强，全国宜枣区均可种植。该品种枣果实成熟不一致，应分期采收。成熟期下雨裂果严重，应注意预防。采前落果较严重，应适时采收。本品种为鲜食和观赏兼用品种，观赏价值极高，应以观赏为主，采用常规管理技术。

2. 三变红

又名三变色，三变丑。

(1) 品种来源与分布：分布于河南省永城市十八里、城关、黄口、演集等地，为当地主栽品种之一。永城市其他乡镇、山东兖州的道沟和陵城等地也有零星栽培。来源不详。

(2) 主要性状：树势中等，树体较大，枝条较稀，干性中强，树冠圆锥形，树姿半开张。枣头紫褐色，二次枝自然生长4~7节，针刺不发达。枣股抽吊力较强，枣吊长16~20厘米，叶较大，卵状披针形，花中大，昼开型，蜜盘小，橘黄色。果实大，长卵形或柱形，纵径4.8厘米，横径2.6~2.8厘米。平均果重18.5克，最大23.1克，大小较均匀。果皮较薄，落花后子房为紫色，从坐果至成熟果皮颜色变化3次，由紫色逐步变为条状绿色，成熟时变为深红色，由此而得名三变红、三变色。果肉厚、绿白色，肉质致密，较酥脆，味甜，汁液中等，品质上等，适宜鲜食和观赏。鲜枣可食率95.6%，含可溶性固形物34.6%。核小，细长纺锤形，含仁率低，种仁不饱满。结果较早，产量中等。原产地果实9月中旬成熟，山西太原9月下旬成熟，果实生育期110天左右。

(3) 适栽地区和栽培技术要点：适应性较强，北方宜枣区年平均气温9℃以上地区可作鲜食和观赏兼用品种栽培。该品种成熟期遇雨较易裂果，应注意防治。

3. 龙 枣

别名龙须枣、龙爪枣、曲枝枣、蟠龙枣等。

(1) 品种来源与分布:分布于北京故宫、山西太谷、河北献县、河南淇县、山东乐陵、陕西西安等地,多为庭院、四旁零星栽植,数量不多,历史不详,在山西太谷南相家村有数百年生老树生长。

(2) 主要性状:树势较弱,树体较小,干性弱,枝条密,树冠自然圆头形,树姿开张或半开张。枣头紫红色或紫褐色,生长势弱,枝条弯曲或盘圈生长,针刺不发达。枣股小,抽吊力中等。枣吊细而较长,弯曲生长。叶小,卵状披针形。花较大,花量少,昼开型,蜜盘小,杏黄色。果实小,细腰扁柱形,纵径 2.6 厘米,横径 1.3 厘米,侧径 1.0 厘米,平均果重 3.1 克,最大 5.0 克左右,大小较均匀。果皮厚,深红色,果面不平滑。果肉中厚,绿白色,肉质较硬,味较甜,汁液少,品质中下,适宜观赏和制干。鲜枣可食率 90.3%,含可溶性固形物 30.0%。核较小,扁纺锤形,不含种仁。结果较迟,产量低,9 月下旬成熟。

(3) 适栽地区和栽培技术要点:适应性强,产量低,质量差,抗裂果,经济栽培价值不大,枝条弯曲,树形奇特,观赏价值高,可作为观赏品种栽植。

4. 大荔龙枣

又名龙爪枣、曲枝枣。

(1) 品种来源与分布:原产陕西大荔县石槽、八渔、苏村、西漠一带,西安莲湖公园等地有零星栽培。1983 年引进山西农科院果树研究所国家枣资源圃,生长结果表现良好,不少地区从国家枣资源圃引种栽培,均表现良好。

(2) 主要性状:树势中等,树体中大,枝条中密,干性弱,树姿开张。枣头红褐色,针刺不发达。枣股抽吊力中等,枣吊平均长 21.0 厘米左右。枣头、二次枝、枣吊都弯曲生长。叶较小,长卵形。花中大,花量较少,昼开型,蜜盘小,杏黄色。果实中大,椭圆形,纵径 3.5~3.8 厘米,横径 2.8~3.0 厘米,平均果重 10.3 克,最大 14.6 克,大小较均匀。果皮厚,紫红色,果面较平滑。果肉厚,绿白色,肉质较细,味甜,汁液少,品质中等,适宜制干和加工蜜枣。鲜枣可食率 95.15%,含可溶性固形物 33.6%。结果早,丰产,产量较稳定。山西太原地区 9 月下旬果实成熟,果实生育期 100 天左右。

(3) 适栽地区和栽培技术要点:适应性较强,宜北方年均气温 8.5℃ 以上地区栽植。本品种丰产性强,树姿开张,定干宜稍高,一般干高 1.2 米左右。采前落果较严重,应适时采收。抗裂性强,无需防裂预防。可作观赏品种栽培。

5. 磨盘枣

又名砲砲枣(陕西)、磨子枣、葫芦枣(河北)、药葫芦枣(甘肃)。

(1) 品种来源与分布:分布较广,陕西大荔、甘肃庆阳、山东乐陵、无棣、夏津、河北交河、青县、献县、曲阳、大名等地都有栽培,但数量很少,多为零星栽培。栽培历史悠久,可能起源于陕西关中一带,该地至今沿用古代名称"砲砲枣"(意为石磨枣),后传到各地。多用嫁接繁殖。

(2)主要性状:树势强,树体较大,干性中强。枝条中密,粗壮,树冠自然半圆形,树姿开张。枣头紫褐色,生长势较强,木性较软,针刺发达。枣股抽吊力强,少数枣吊有副吊生长现象。叶中大,卵状披针形,深绿色。花大,花量多,昼开型。蜜盘中大,浅黄色。果实中大,石磨形,果实中部有一条缢痕,深宽各2~3毫米,缢痕上部大,下部小。纵径2.6~3.4厘米,横径2.4~3.2厘米,平均果重7.0克左右,最大13克以上,大小不均匀。果肉较厚,绿白色,肉质粗松,味较淡,汁液少,品质中下,产量中等,太原地区果实9月下旬成熟。

(3)适栽地区和栽培技术要点:适应性强,抗裂果,果形奇特美观,适宜北方宜枣地区观赏栽植。

6. 茶壶枣

(1)品种来源与分布:原产山东夏津、临清,数量极少。历史不详,临清县现有百年以上大树生长。北方各地都引种栽培用于观赏。

(2)主要性状:树势中等,树体中大,干性较强,枝条中密,粗壮,树冠自然半圆形,树姿开张。枣头紫褐色,生长势强,木性较松,髓部大,针刺不发达。枣股抽吊力较强,枣吊粗而较长,部分枣吊有副吊生长现象,叶宽大,近似心脏形,深绿色。花量特多,昼开型。蜜盘中大,橘黄色。果实较小,果形奇特,纵径1.8~3.2厘米,横径1.6~2.8厘米,平均果重4.5~8.1克,大小不均匀。果肩到果顶有1~5条长短不等的肉质状突出物,有的果实肩部两端各有一个肉质状突出物,形似茶壶的壶嘴和壶把,故名"茶壶枣"。果皮较薄,紫红色。果肉较厚,绿白色,肉质较粗松,味甜略酸,汁液中多,品质中等,适宜观赏和制干。鲜枣可食率94.0%,含可溶性固形物30.4%。核较小,不含种仁。结果较早、较丰产,产量稳定,较抗裂果。原产地果实9月上旬成熟。适应性强,北方宜枣区均可栽培。本品种品质中等,经济栽培价值不大,但果形奇特,有极高观赏价值,可作为观赏品种栽植。树姿开张,定干宜稍高。其他可按常规技术管理。

7. 羊奶枣

(1)品种来源与分布:分布于陕西西安近郊和陕西大荔县石槽、八渔、苏村等地,数量不多,历史不详。

(2)主要性状:树势中等,树体中大,枝条中密,较细,树冠圆头形,树姿开张。枣头红褐色,针刺发达。枣股抽吊力中等,枣吊细而较长。叶中大,披针形。花中大,花量特多,7:00左右蕾裂。蜜盘中大,杏黄色。果实中大,长葫芦形,果顶1/4左右处有缢痕,纵径4.2~4.5厘米,横径2.0~2.4厘米,平均果重9.4克,最大13.1克,大小不均匀。果皮薄,深红色,果面较光滑。果肉厚,绿白色,肉质细而松脆,味甜,汁液多,品质中上,适宜鲜食和观赏。鲜枣可食率95.5%。核较小,细长纺锤形,大部分不含种仁。结果较早,产量低,原产地9月中旬果实成熟。果实生育期90~100天。

(3)适栽地区和栽培技术要点:适应性较强,枣吊细长,花量特多,叶片披针形,似柳树叶,果实长葫芦形,有较高观赏价值,适于北方宜枣区作观赏树栽植。产量低,不宜作经济栽培。枣果成熟期遇雨易裂果,应注意预防。

8. 柿顶枣

又名柿蒂枣、柿萼枣、柿花枣。

(1)品种来源与分布:分布于陕西省大荔县石槽乡三教、王马等村。数量不多,历史不详。

(2)主要性状:树势中等,树体中大,树冠自然半圆形,树姿开张。枣头红褐色,针刺不发达。枣股抽吊力中等,枣吊长 11.0~20.0 厘米。叶中大,长卵形。果实中大,柱形,纵径 3.5 厘米,横径 2.9 厘米,平均果重 12.0 克,最大 14.7 克,大小不均匀。果梗中长,萼片宿存,随果实发育逐渐肉质化,呈五角形,盖住梗洼和果肩,形如柿萼,故名柿萼枣和柿蒂枣。果皮厚,深红色,肉质较脆,味甜,汁液少,品质中下,适宜制干和观赏。核中大或较小,短纺锤形,含仁率高。产量中等而稳定。原产地果实 9 月中旬成熟,生育期 100 天。

(3)适栽地区和栽培技术要点:抗旱、耐瘠薄,北方宜枣区均可栽植。产量和品质中等,经济栽培价值不大。但花萼宿存肥大,为枣品种中特殊类型,有一定观赏价值,可作种质资源保存。

二、新审(认)定和鉴定名优品种

1. 赞新大枣

(1)选育单位:新疆阿克苏农一师阿拉尔农科所,1975 年从引进的赞皇大枣苗木中选出的优良株系,1985 年由《中国果树志·枣卷》编委会专家审定命名。

(2)主要性状:树势强,树体较大,枝条粗壮,树姿半开张。枣头红褐色,针刺不发达。枣吊中长,较粗。叶片大而厚,叶缘锯齿粗。花大,花量多。果实大,倒卵形,平均果重 24.4 克,大小不很均匀。果皮较薄,深红色,果面光滑。果肉厚,绿白色,肉质细脆,味甜略酸,汁液中多,品质上等,适宜鲜食和制干。鲜枣可食率 96.8%,含糖 27.0%。制干率 48.8%。干枣含糖 72.9%。核小,纺锤形,无种仁。结果早,丰产性强,五年生树平均株产鲜枣 11.2 千克,667 平方米产鲜枣 943.9 千克。在海拉尔 10 月上旬果成熟。

(3)适栽地区和栽培技术要点:赞新大枣适应性强,适宜北方年平均气温 9℃以上地区栽培。早果性强,丰产性好,对营养需求高,要加强综合管理。在新疆阿克苏地区,降水量少,无裂果之忧,其他地区引种栽培,应注意预防裂果。

2. 鸣山大枣

(1)选育单位:1979 年甘肃农大从敦煌大枣中选出,1983 年命名。

(2)主要性状:树势较强,树体较大,枝条中密,树姿开张。枣头棕红色,针刺发达。枣股抽吊力较强。叶中大,卵圆形。花量较少,夜开型。果实大,短柱形,平均果重23.9克,最大42克,大小不均匀。果皮厚,深红色。果肉厚,绿白色,肉质细脆,味甜,汁液多,适宜制干和鲜食。鲜枣可食率96.23%,含可溶性固形物37.5%,糖31.4%,酸0.54%,维生素C 396.2毫克/100克。核小,纺锤形,不含种仁。结果较早,产量高而稳定,当地9月上旬成熟。

(3)适栽地区和栽培技术要点:鸣山大枣抗寒,耐旱,适宜北方宜枣区栽植。该品种为干鲜兼用优良品种,用于鲜食宜进行矮密栽培,以便于采收;用于制干,宜在果实完熟期采收,以保证干枣品质。成熟期遇大风,落果较严重,在规划枣园时,应建立防风林。产地应建立烤房。

3. 早脆王

(1)选育单位:1988年河北省沧县林业局在枣树资源普查中选出,经科技管理部门组织同行专家鉴定和审定,命名为早脆王。2000年在山东乐陵全国红枣展销会上,获得金奖。

(2)主要性状:树势中庸,树体中大,树冠自然圆头形,树姿开张。枣头红褐色,枣股抽吊力强,枣吊较粗,平均长25厘米。果较大,卵圆形,纵径5.8厘米,横径4.9厘米,平均果重30.9克,最大87克,大小不均匀。果皮薄,鲜红色,果面较光滑,果肉厚,绿白色,肉质细脆,味甜,汁液多,品质上等,适宜鲜食。鲜枣可食率96.7%,含糖39%左右,维生素C 497毫克/100克。结果早,早丰性强,丰产性好,幼树定植当年可结果,4年生树株产鲜枣10千克左右,沧州地区9月中旬成熟。

(3)适栽地区和栽培技术要点:早脆王抗旱,耐涝,耐盐碱,适应性较强,全国宜枣区均可栽植。该品种为鲜食优良品种,宜采用矮密栽培,以便于采收。早丰性强,丰产性好,应加强综合管理。发展数量多时,应建立冷库,进行鲜枣贮藏。

4. 金昌1号

(1)选育单位:金昌一号是山西农科院李连昌教授1986年从山西省太谷县南张村壶瓶枣中选出,2001年山西省科技厅组织专家进行了验收,2003年通过山西省林木良种审定委员会审定。

(2)主要性状:树势较强,树体中大,树姿半开张。枣头红褐色,针刺不发达。枣股抽吊力中等,叶片较大,长卵形。花较大,花量中等,夜开型。果实大,短柱形,平均果重30克左右,最大80克以上。果皮较薄,深红色,果面光滑。果肉厚,绿白色,肉质细而酥脆,味甜微酸,品质上等,鲜食、制干兼用。鲜枣可食率98.1%,制干率58.3%,含可溶性固形物38.4%,糖35.7%,酸0.62%,维生素C 532.2毫克/100克,钾38.62毫克/千克,磷36.55毫克/千克,钙20.7毫克/千克,镁7.53毫克/千克,锰2.28毫克/千克,锌2.81毫克/千克,铜1.83毫克/千克,铁4.66毫克/千克。核小,长纺锤形,多无种仁。结果较早,较丰产,原产地9月下旬果实完熟。

(3)适栽地区和栽培技术要点:适应性较强,宜北方枣区年降水量少的地区栽植,该品种成熟期遇雨易裂果,应注意预防。以制干为主,宜在完熟期采收,以保证干枣质量,并要在产区建立烤房。

5. 金丝1号

(1)选育单位:山东农业科学院果树研究所,1986年从普通金丝小枣中选出,已通过山东省农作物品种审定委员会审定。

(2)主要性状:树势较强,树体中大,树姿开张。枣头红褐色,针刺不发达。枣股抽吊力较强,枣吊长15～20厘米。叶中大,卵状披针形。花中大,花量多,昼开型。果实倒卵形或椭圆形,平均果重6.4克,大小较均匀。果皮薄,鲜红色,果面光滑。果肉厚,乳白色,肉质致密,味甜,汁液中多,适宜制干和鲜食,鲜枣品质上等,干枣品质极上。鲜枣可食率95.4%,含可溶性固形物36.6%,制干率53.1%。干枣含糖82.0%,酸1.64%。干枣果面皱纹细,果肉饱满,富弹性,耐挤压,耐贮运,外形美观。泰安地区,9月上旬果实脆熟,果实生育期95天左右。

(3)适栽地区和栽培技术要点:金丝1号抗旱,耐涝,果实抗病力较强,一般年份裂果轻,适宜金丝小枣区栽植。该品种丰产,产量稳定,不需采用环剥促花坐果措施,但要加强综合管理。若用制干,要在完熟期采收,以保证干枣质量。

6. 金丝2号

(1)选育单位:山东省果树研究所,1988年从金丝小枣中选出,已通过山东省农作物品种审定委员会审定。

(2)主要性状:树势较强,树体中大。枣头红褐色,针刺不发达。枣股抽吊力较强,枣吊长16～23厘米。叶较大,卵状披针形。花中大,花量多,昼开型。果实长椭圆形,平均果重6.7克,大小较均匀。果皮较薄,浅红色,果面光滑。果肉厚,乳白色,肉质致密,味甘甜,叶液中多,品质上等,适宜制干和鲜食。鲜枣含可溶性固形物37.1%,制干率54.6%。干枣果皮韧性较强,果肉饱满,含糖84.2%,酸1.7%。品质极上。结果早,早丰性强,丰产,产量稳定。泰安地区,9月中旬成熟,果实生育期100天。

(3)适栽地区和栽培技术要点:抗旱、耐涝、果实抗病力强,一般年份裂果轻,适于北方金丝小枣区栽植。金丝2号为干鲜兼用优良品种,宜采取变化密植栽培。该品种坐果率高,丰产性好,不需要采用环剥促花坐果措施,但要加强综合技术管理。用于制干,要完熟期采收,以保证干枣质量。

7. 金丝3号

(1)选育单位:1990年山东省果树所从威海金丝小枣中选出,1999年通过山东省农作物品种审定委员会审定。

(2)主要性状:幼树生长健壮,树小而紧凑。果实长椭圆形,平均果重8.8克,最大12克,大小较均匀。果皮薄,鲜红色,果面光滑,果肉厚,肉质细脆,味甜微酸,品质上等,干鲜兼用。鲜枣可食率96.6%,含可溶性固形物39.2%,制干率55.5%。干枣果皮纹细,果肉饱满,弹性较强,较耐挤压,含糖量高达84.0%,品质优良,优质果率达80%以上。结果早,早丰性较强,当年嫁接苗普遍挂果,5年生树株产鲜枣8.4千克,成龄大树产量高而稳定。泰安地区9月中下旬成熟。

(3)适栽地区和栽培技术要点:适应性强,全国宜枣区均可栽植。树体小而紧凑,适宜密植栽培。产量高而稳定,要加强综合管理,以防树势衰弱。用于制干,要在完熟期采收,以保证干枣质量,并在产区建立烤房。

8. 金丝4号

(1)选育单位:1990年山东省果树研究所,从金丝2号实生苗中选出,2003年通过山东省科技厅组织的成果鉴定。

(2)主要性状:果实长圆形,平均果重10~12克,大小较均匀。果皮薄,果面光滑。果肉厚,肉质细脆,味甜微酸,汁液较多,口感极佳,鲜干兼用。鲜枣可食率97.3%,含可溶性固形物40%~45%,制干率55.0%。结果早,早丰性强,定植5年生树株产鲜枣高达19.5千克。当年枣头结实力强,成龄大树产量高而稳定,极少落果。泰安地区果实9月底至10月初完熟。

(3)适栽地区和栽培技术要点:金丝4号抗旱、耐盐碱、抗病力较强,基本不裂果,适宜金丝小枣区栽植。金丝4号引入山西省南部阳城县土石山区,在野生酸枣砧原地嫁接后,一般管理条件下,表现结果早,当年有部分植株可少量结果,第二年可普遍结果。果实平均重9.5克左右,大小较均匀,可食率96.0%,半红期含可溶性固形物28.5%。果核含仁率高,种仁较饱满。金丝4号早丰性强,产量高而稳定,要加强综合管理。用于制干,要完熟期采收,以保证干枣质量,产区应建立烤房。

9. 赞 宝

(1)选育单位:河北农业大学中国枣树研究中心和赞皇县林业局,从赞皇大枣中选出。2004年通过河北省林木品种委员会审定。

(2)主要性状:赞宝为三倍体,Zn=36。树姿开张。枣头平均生长量72.8厘米,着生二次枝10个左右,二次枝平均长22.9厘米,叶面积21.5平方厘米。花大,着花密,每花序平均着花7.9朵。果实大,短卵圆形,纵径3.88厘米,横径3.33厘米,平均果重20克,最大28克,大小较均匀。果肉绿白色,肉质酥脆,味甜微酸,汁液中多,品质优良,适宜鲜食、制干和加工蜜枣。结果早,早丰性强,极丰产,产量稳定。当地9月下旬成熟。

(3)适栽地区和栽培技术要点:赞宝耐干旱,可在赞皇大枣适宜区栽植。该品种结果早,早丰性强,极丰产,要加强综合管理。用于制干,要完熟期采收,以保证干枣质量。抗枣疯病力较差,应注意防治。

10. 赞 玉

(1)选育单位:同赞宝。2004年通过河北省科技厅组织的成果鉴定,同年通过河北省林木品种审定委员会审定。

(2)主要性状:赞玉为三倍体,Zn=36。树势中庸,树姿开张。枣头平均长94.3厘米。着生二次枝9.3个,二次枝自然生长6.82节,针刺退化。枣吊平均长28.3厘米。叶面积15.5平方厘米。花较大,花径7.9毫米,着花密,每花序平均着花8.2个。果实大,长卵圆形,纵径4.02厘米,横径3.21厘米,平均果重20.3克,最大26.5克,大小较均匀。果肉绿白色,肉质较硬,味甜,汁液中多,品质优良,适宜制干和加工蜜枣。鲜枣含糖28.5%,酸0.23%,维生素C 340.69毫克/100克,当地9月中旬果实成熟。抗枣疯力较弱应注意防治。

(3)适栽地区与栽培技术要点:适栽地区同赞宝。丰产性强,应加强综合管理,抗枣疯力较弱应注意防治。

11. 赞 晶

(1)选育单位:同赞宝。2004年通过河北省科技厅组织的成果鉴定,同年通过河北省林木品种审定委员会审定。

(2)主要性状:树势强,树姿较开张。枣头平均生长量66.6厘米,着生二次枝12.2个,二次枝平均长30.1厘米,自然生长6.4节,针刺较发达。枣吊平均长26.1厘米,叶面积14.5平方厘米。花较大,花径7.9毫米,着花较密,每花序平均着花7个。果实大,近圆形,纵径3.89厘米,横径3.49厘米,平均果重22.3克,最大31克。果肉绿白色,肉质酥脆,味甜微酸,汁液中多,品质优良,适宜制干、鲜食和加工蜜枣,制干率63.4%。鲜枣含糖28.6%,酸0.31%,维生素C 415毫克/100克。干枣含糖63.4%。丰产,产量稳产,吊果比1.26,当地9月中旬成熟。

(3)适栽地区和栽培技术要点:耐干旱,适宜赞皇大枣适宜区发展。该品种丰产稳定,要加强综合管理。用于制干,要果实完熟期采收,以保证干枣质量,发展数量多时,要建立烤房。

12. 圆铃1号

(1)选育单位:山东省农业科学院果树研究所,1984年从圆铃枣中选出,2001年通过山东省农作物品种审定委员会审定。

(2)主要性状:树势中等,树姿开张,树冠呈自然圆头形。枣头红褐色,二次枝自然生长6~8节。叶宽披针形。花量中多。果实较大,圆柱形,纵径4.0~4.5厘米,横径3.3~3.9厘米,平均果重18.0克,最大果重21.5克,大小较均匀。果皮中厚,深红色。果肉厚,绿白色,肉质硬而致密,味甜,汁液少,适宜制干,干枣果肉饱满,富弹性,品质上等。鲜枣可食率97.2%,含可溶性固形物

33.0%。核小,纺锤形,含仁率高。当地9月中旬成熟,果实生育期95天左右。果实成熟期遇雨不裂果。

(3)适栽地区和栽培技术要点:适应性强,耐瘠薄,抗盐碱,适宜北方宜枣区栽植。圆铃1号结果早,早丰性较强,产量高而稳定,要加强综合管理。本品种适宜制干,枣果宜在完熟期采收,以保干枣质量。

13. 月 光

(1)选育单位:由河北农业大学选出,2005年10月通过河北省科技厅组织的成果鉴定,同年12月通过河北省林木品种审定委员会审定。

(2)主要性状:树势中庸,干性较强,树冠自然圆头形,树姿半开张。枣头红褐色,针刺不发达,枝条稀疏,叶卵状披针形。花小,花径6毫米左右,昼开型。果实中大或较小,近橄榄形,纵径4.5厘米,横径2.3厘米,平均果重10克左右。果皮薄,深红色,果面光滑。果肉厚,肉质细脆,味酸甜适口,汁液多,品质优良,适宜鲜食。鲜枣可食率96.8%,含可溶性固性物28.5%,酸0.26%,维生素C 206毫克/100克,粗纤维7.43%,蛋白质2.28%,钙0.06%。核小,长梭形,含仁率较高,种仁饱满。结果早,早丰性强,在山地旱薄地枣园,嫁接后第二年即可结果,4年生树株产鲜枣10.7千克,8年生树株产鲜枣18.3千克,10年生树株产鲜枣23千克。丰产,产量稳定,产地8月中下旬果实成熟,果实生育期80天左右。

(3)适栽地区和栽培技术要点:月光品种抗逆性和适应性均强,特抗寒,辽宁省沈阳以南地区均可栽培,并适宜设施栽培。结果早,早丰性强,丰产,产量稳定,要加强综合管理。月光为极早熟鲜食优良品种,宜采取矮密栽培,以便于采收。成熟期遇雨有轻微裂果现象,应注意预防。

14. 星 光

(1)选育单位:同月光。2005年通过河北省科技厅组织成果鉴定,同年12月通过河北省林木品种审定委员会审定。

(2)主要性状:树势强健,树体高大,树姿半开张,发枝力中等,枝条粗壮。花量中多,夜开型。果实大、圆柱形,平均果重22.9克,果皮薄,深红色,果面光滑。果肉厚,肉质细而较酥脆,味甜,汁液较多,品质上等,适宜制干、鲜食和加工酒枣。鲜枣可食率96.3%,含可溶性固形物33.1%,酸0.45%,维生素C 432毫克/100克。制干率56.4%。结果较早,较丰产。抗寒、抗旱、抗盐碱能力较强,抗枣疯病力极强,原产地山西省交城县,历史上从未发生过枣疯病,在太行山枣疯病重发区自然发病率为零,高接到重病树后能正常结果的达100%。

(3)适栽地区和栽培技术要点:星光品种适应性强,特抗枣疯病,品质优良,宜在骏枣适宜区发展。对肥水条件要求较高,要加强综合管理。成熟期遇雨易裂果,应注意预防。用于制干,宜在完熟期采收,并应建立烤房。

15. 帅枣1号

(1)选育单位:山西省林科院(原山西省林科所)1993年从石楼县木枣中选出,2006年11月通过了山西省科技厅组织的成果鉴定。

(2)主要性状:树势强健,树体高大,树姿较直立。枣头红褐色,针刺中等发达。枣股抽吊力中等,枣吊平均长22厘米。叶片大,卵状披针形。果实大,圆柱形,纵径4.86厘米,横径3.6厘米,平均果重23.6克,最大果重49.5克,大小不均匀。果皮较薄,赤红色,果面光滑。果肉厚,肉质致密,味酸甜,适宜制干、鲜食和加工蜜枣。鲜枣可食率95.0%,含糖24.62%,酸0.56%,糖酸比43.96∶1,维生素C 516.22毫克/100克。结果较早,产量中等而稳定。抗寒、抗旱能力强,对土壤、地势栽培条件要求不严,当地10月中旬果实成熟,成熟期遇雨裂果较严重。

(3)适栽地区和栽培技术要点:抗寒、抗旱力强,对土壤、地势要求不严。适宜中阳木枣适宜区栽植。成熟期遇雨裂果较严重,应注意预防。用于制干,应在完熟期采收,以保干枣质量,同时产区要建烤房。

16. 骏枣1号

(1)选育单位:同帅枣1号,2003年通过山西省林木审定委员会审定。

(2)主要性状:树势强健,树体高大,干性较强,树姿半开张。枣头红褐色,针刺较发达。果实特大,圆柱形,平均果重32.0克,最大果重60.0克。果皮薄,深红色,果面光滑。果肉厚,淡绿色,肉质脆,味甜,汁液多,品质上等,适宜制干和鲜食。鲜枣可食率97.1%,含糖33.2%,维生素C 453.0毫克/100克。结果较早,产量较稳定,产地9月中旬成熟。

(3)适栽地区和栽培技术要点:抗寒、抗旱、耐瘠薄,抗枣疯病力强,原产地历史上没有发生过枣疯病,适宜骏枣适宜区栽植。该品种为兼用型优良品种,拟采用变化密植栽植模式,要根据不同用途适时采收,用于制干,宜完熟期采收,产区要建烤房,并要注意裂果和果实病害预防。

17. 壶瓶枣1号

(1)选育单位:同帅枣1号,2003年通过山西省林木品种审定委员会审定。

(2)主要性状:树势强,树姿半开张,枣头红褐色,枝条粗壮。叶片大,长卵形,浓绿色。花量中多,夜开型。果实大、圆柱形,平均果重35克,最大75克。果皮较薄,深红色,果面光滑。果肉厚,绿白色,肉质松脆,味甜,汁液中多,品质上等、鲜食、制干、加工酒枣和蜜枣兼用。鲜枣可食率98.5%,含可溶性糖35.0%,可滴定酸0.5%,维生素C 530毫克/100克。核小,纺锤形,不含种仁。结果早,早丰性强,产量高,当地9月中旬成熟。

(3)适栽地区和栽培技术要点:适栽地区同壶瓶枣。本品种为兼用型优良品种,应根据不同用途适时采收,用于制干,在完熟期采收,以保干枣质量,同时产区应建立烤房。成熟期遇雨裂果严重,果实易感染黑斑病,应注意预防。

18. 板枣1号

(1)选育单位:同帅枣1号。2007年通过山西省林木品种审定委员会审定。

(2)主要性状:树势较强,树体中大,干性强,树姿开张,枝条较密。枣股抽吊力强,枣吊长15厘米。叶较小,卵圆形,深绿色。果实倒卵形,纵径3.3厘米,横径11.9克,单果重16.0克,大小较均匀。果肉厚,质地致密,味甚甜,汁液中多,品质上等,制干、鲜食兼用,以制干为主。鲜枣可食率94.8%,含可溶性糖35.8%,可滴定酸0.40%,维生素C 452毫克/100克。结果较早,丰产性较强,当地9月下旬成熟。

(3)适栽地区同板枣。本品种对栽培条件要求较高,应加强综合管理。板枣1号是以制干为主的兼用性品种,用于制干,应在完熟期采收,以保干枣质量,同时产区要建烤房。

19. 木枣1号

(1)选育单位:同帅枣1号。2007年通过山西省林木品种审定委员会审定。

(2)主要性状:树势强,枝条中密,树姿半开张。枣头红褐色,枣股抽吊力中等,叶深绿色。果实大,圆柱形,纵径5.6厘米,横径3.6厘米,平均果重24.3克,最大33.9克,大小较均匀。果皮厚,深红色,果面光滑。果肉厚,绿白色,肉质致密,味酸甜,汁液中多。品质中上或中等,适宜制干。可食率95.6%,含可溶性糖22.4%,可滴定酸0.77%,维生素C 499.0毫克/100克。较丰产,当地9月下旬脆熟,10月中旬完熟。

(3)适栽地区和栽培技术要点:同中阳木枣。抗旱,耐瘠薄,成熟期遇雨裂果很轻,是抗裂性强的制干品种资源。本品种是制干品种,应在完熟期采收。

20. 冷白玉

(1)选育单位:山西省农业科学院果树研究所,从北京白枣中选出,2006年通过山西省林木品种审定委员会审定。

(2)主要性状:树冠较小,树体紧凑,树姿半开张。果实较大,倒卵圆形或椭圆形,纵径4.7厘米,横径3.4厘米,平均果重19.5克,大小较均匀。果皮较薄,果面光滑。果肉厚,肉质致密而酥脆,味浓甜,汁液多,品质上等,适宜鲜食。鲜枣可食率96.8%,含可溶性固形物29.4%,可溶性糖21.2%,可滴定酸0.22%,维生素C 439毫克/100克。结果早,早丰性强。山西太谷地区果实9月底至10月初成熟。

(3)适栽地区和栽培技术要点:适宜太原以南枣树适宜区发展。本品种树冠较小,适宜矮密栽培。发展数量多时,应建立冷库,进行鲜枣保鲜贮藏。

21. 条 枣

(1)选育单位:山西省永和县林业局从当地木枣中选出,2003年通过山西省林木品种审定委员会审定。

(2)主要性状:树势较强,树体高大,树姿开张。枣头红褐色,针刺发达。枣股较小。叶片较大,长卵形。果实中大,柱形,纵径4.2厘米,横径2.5厘米,平均果重14.0克。果皮较厚,紫红色,果面光滑,果肉厚,浅绿色,肉质致密,味甘甜,汁液少,适宜制干,干枣品质上等。干枣含糖71.4%,酸0.88%,维生素C 14.33毫克/100克,粗蛋白3.62%,粗纤维3.82%,脂肪0.31%,钙598.42毫克/千克,铁6.86毫克/千克,锌4.47毫克/千克,磷608.71毫克/千克。结果较早,丰产,产量稳定,当地9月下旬成熟,成熟期遇雨较抗裂果。

(3)适栽地区和栽培技术要点:条枣抗旱,适应性强,较抗裂果,干枣品质优良,适于北方丘陵山区栽植。本品种枣尺蠖、食芽象甲危害较严重,应注意防治。果实宜在完熟期采收,以保证干枣质量,同时产区应建烤房。

22. 六月红

(1)选育单位:1997年山西省运城市盐湖区上郭乡南成村景开步选出。

(2)主要性状:树势较强,枝条较密,树姿开张。枣头红褐色,针刺较发达。枣股抽吊力强,枣吊较长。叶中大,长卵形,深绿色。花中大,花量多。果实较小,长圆形,纵径2.61厘米,横径2.25厘米,平均果重6.25克,最大10克以上,大小不均匀。果肉细而脆,味酸甜,汁液较多,品质上等,适宜鲜食。鲜枣可食率96.8%,含可溶性固形物24.0%。核小,纺锤形,大果核内含种仁,种仁较饱满。结果早,早丰性较强,产量高而稳定,当地7月下旬成熟。

(3)适栽地区和栽培技术要点:六月红抗寒、抗旱、抗病力较强,适宜北方枣区城郊和工矿区适量发展。该品种为鲜食早熟优良品种,宜矮化栽培,以便于采收,要进行控冠修剪,成熟期遇雨有轻微裂果,要注意预防。

23. 伏脆蜜

(1)选育单位:山东省枣庄市市中区林业局,1996年从脆枣中选出,2002年通过枣庄市科技局验收,同年通过鉴定。

(2)主要性状:树势较强,树体中大,树冠自然圆头形,树姿略开张。枣头浅褐色,针刺不发达。枣股抽吊力较强。叶较小,卵状披针形。花小,花量较多。果实中大,短柱形,纵径5.0厘米,横径3.0厘米,平均果重16.2克,最大27.0克。果皮紫红色,果面光滑。果肉厚,肉质细而酥脆,味甜,汁液较多,品质上等,适宜鲜食。鲜枣可食率96.5%,果面着色60%左右鲜枣含可溶性固形物29.9%。核小,含仁率高。结果早,早丰性强,5年生树平均株产鲜枣19.1千克,667平方米产鲜枣1586千克。当地10月中旬成熟。

(3)适栽地区和栽培技术要点:抗旱,耐瘠薄,对土壤条件要求不严,全国多点区试栽均表现适宜,可在全国大部分宜枣区栽植。该品种为鲜食优良品种,宜采取矮化栽培,并进行控冠修剪,以便于采收。结果早,早丰性强,应加强综合管理,发展数量多时,产区应建立冷库,进行鲜枣保鲜贮藏。

24. 无核丰

(1)选育单位:河北省青县林业局和青龙港园艺开发中心从无核小枣中选出,2003年组织有关专家进行了鉴定。

(2)主要性状:树势较强,树体较大,树冠圆头形,树姿半开张。二次枝自然生长6节左右,枣股抽吊力中等。果实长圆形,纵径2.54厘米,横径1.83厘米,平均果重4.63克,大小均匀。果皮较薄,鲜红色,果肉白色,肉质细而致密,味甜,汁液较多,品质上等,适宜制干和鲜食。鲜枣可食率99.0%以上,含糖35.6%,酸0.46%,维生素C 384.4毫克/100克,制干率65.0%。结果较早,较丰产,产量较稳定,15年生树平均株产鲜枣21.5千克。当地9月下旬成熟,果实抗病力强,裂果轻。

(3)适栽地区和栽培技术要点:适应性较强,适宜无核小枣区栽植。该品种为兼用品种,宜采用变化密植栽培模式,以提高前期效益。用于制干,要在完熟期采收,以保证干枣质量。

25. 七月鲜

(1)选育单位:陕西省农林科学院果树研究所选出,2003年通过陕西省林木良种审定委员会审定。

(2)主要性状:树势中庸,树姿开张。果实大,圆柱形,纵径5.0厘米,横径3.6厘米,平均果重29.8克,最大74.1克,大小较均匀。果皮薄,深红色,果面光滑。果肉厚,肉质细,味甜,汁液较多,品质上等,适宜鲜食。鲜枣可食率97.8%,半红期鲜枣含可溶性固形物25.0%~28.0%。结果早,早丰性强,丰产性好,盛果期树每667平方米产鲜枣1700千克。原产地果实8月中旬即可采收上市,果实生育期85天左右。

(3)适栽地区和栽培技术要点:七月鲜适应性较强,全国宜枣区均可栽植。该品种为鲜食优良品种,宜进行矮化密植和设施栽培,要考虑鲜枣贮藏保鲜。该品种对炭疽病较敏感,应注意防治。

26. 蜜罐新1号

(1)选育单位:西北农林科技大学和渭南红久久枣业有限公司从蜂蜜罐品种中选出,2008年3月通过陕西省林木品种审定委员会审定。

(2)主要性状:树势中庸,干性较强,树冠自然圆头形,树姿半开张。果实长圆形,平均重8.4克。味甜,汁液多,含可溶性固形物26.0%~32.0%,可溶性糖25.84%,维生素C 336毫克/100克。适宜鲜食。坐果稳定,丰产稳定。当地8月中旬成熟,果实生育期85天左右。

(3)适栽地区和栽培技术要点:适宜北方蜂蜜罐枣适宜区栽植。

27. 豫枣 1 号

(1) 选育单位：河南省中牟县林业局从鸡心枣中选出，2000 年通过河南省林木品种审定委员会审定。

(2) 主要性状：树枝无刺，便于管理。平均果重 4.9 克，最大 7.9 克，大小均匀，适宜制干。鲜枣含可溶性固形物 24.7%，制干率 44.0%。早果，丰产，定植当年结果株率 30.0%，3~4 年生树株产鲜枣 5~20 千克。当地 10 月初成熟。

(3) 适栽地区和栽培技术要点：适应性强，适于河南沙区、丘陵区及周边地区栽植，也适合新疆和内蒙古沙区。本品种适宜制干，果实宜完熟期采收，同时产区应建烤房。

28. 新郑红枣 1 号

(1) 选育单位：河南省新郑市枣树研究所从灰枣中选出，2006 年通过河南省林木品种审定委员会审定。

(2) 主要性状：树势强健，树姿开张。果实长卵形，紫红色。平均果重 12.6 克，大小均匀，适宜制干，制干率 43.6%。当年枣头结果能力强，丰产，产量稳定。耐干旱，抗盐碱，对土壤条件要求不严。抗缩果病，抗裂果。当地 9 月中旬成熟。

(3) 适栽地区和栽培技术要点：适于灰枣适宜区栽植。本品种适宜制干，果实要在完熟期采收，以保干枣质量，同时产区要建烤房。

29. 新郑红枣 2 号

(1) 选育单位：河南省新郑市枣树研究所从灰枣中选出，2007 年通过河南省林木品种审定委员会审定。

(2) 主要性状：树势中强，树姿开张。果实长倒卵形，平均果重 10.8 克，果皮橙红色，肉质致密，汁液中多，适宜制干。早果性、丰产性、稳产性、适应性、抗病性都明显优于灰枣。当地果实 9 月中旬成熟。

(3) 适栽地区和栽培技术要点：适于灰枣产区栽植。本品种适宜制干，果实应在完熟期采收，同时产区应建立烤房。

30. 豫枣 2 号

(1) 选育单位：河南省淇县林业局从当地无核枣中选出，2001 年通过河南林木品种审定委员会审定。

(2) 主要性状：果实长柱形，平均果重 6.5 克，最大 10.5 克，大小较均匀。果肉脆甜，鲜枣含可溶性固形物 36.0%，鲜食、制干兼用，制干率 50.0%，果核退化，仅存少许半木栓化软核，但含仁率高，种仁较饱满，可做育种试材。

(3) 适栽地区和栽培技术要点：适宜河南省黄河流域栽植。本品种为鲜食、制干兼用品种，应根据不同用途适时采收。

31. 京枣 39

(1) 选育单位：北京农林科学院林果研究所，1991 年从枣资源圃选出，2002

年9月通过北京果树专家鉴定。

(2)主要性状:树势强,树体大,干性强,树姿开张。枣头红褐色,枣股抽吊力强,枣吊长。叶片大,卵状披针形。花中大,花量中多。果实大,圆柱形,稍弯曲,纵径4.3厘米,横径3.8厘米,平均果重28.3克,大小较均匀。果皮深红色,果面光滑。果肉厚,绿白色,肉质细脆,味酸甜,汁液较多,品质上等,适宜鲜食。鲜枣可食率98.7%,含可溶性固形物25.5%,酸0.36%,维生素C 253毫克/100克。核小,纺锤形,多无种仁。结果早,丰产性强,盛果期树每667平方米可产鲜枣1500千克以上,北京地区9月中旬成熟。

(3)适栽地区和栽培技术要点:京枣39抗寒、抗旱、耐瘠薄,对土壤条件要求不严,适宜北方宜枣区栽植。该品种为鲜食优良品种,宜采用矮化栽培,以便于鲜枣采收,同时要加强综合管理,采用控冠修剪技术,并要考虑鲜枣贮藏保鲜。

32. 马牙枣尤系

(1)选育单位:北京市宝京园艺坊从马牙枣中选出,2007年通过北京市林木品种审定委员会审定。

(2)主要性状:果实中大,为不对称的长锥形或长卵形,纵径4.7厘米,横径2.5厘米,平均果重14.0克,最大21.5克。果皮薄,红色。果肉厚,白绿色,质地致密酥脆,味甜略酸,汁液多,适宜鲜食。鲜枣可食率96.3%,含可溶性固形物26.1%。核小,细长纺锤形,含仁率60%。结果早,连续结果能力强。

(3)适栽地区和栽培技术要点:适宜北京、河北等地宜枣区栽植。本品种宜鲜食,应采取矮密栽培,以便于采收。

33. 泗洪大枣

(1)选育单位:江苏省泗洪县五里江国营果树良种场,1982年果树资源普查时选出,1995年通过江苏省农作物品种审定委员会审定。

(2)主要性状:果实特大,近圆形或长圆形,纵径5.4~5.7厘米,横径4.6~5.9厘米,平均果重30克以上,最大达107克。果皮较厚,深红色。汁液较多,鲜食和加工蜜枣兼用,鲜枣含可溶性固形物33.0%。较抗裂果。抗旱、耐涝、耐盐碱,抗炭疽病和缩果病,当地9月中下旬成熟。

(3)适栽地区和栽培技术要点:适于泗洪大枣类似生态区栽培。本品种适宜鲜食和加工蜜枣,应根据不同用途适时采收。发展数量多时,要考虑鲜枣贮藏保鲜。

34. 金铃长枣

(1)选育单位:辽宁省朝阳市经济林研究所,1995年9月从辽宁省朝阳县二十家子镇南三家村选出,当地称"三星大枣",2002年9月通过辽宁省科技厅成果鉴定,同年通过辽宁省林木品种审定委员会审定。2004年通过国家林木品种委员会认定。

(2)主要性状:树势强,树姿开张。针刺不发达。叶片大,浓绿色。果实大,圆柱形,纵径4.3厘米,横径2.9厘米,平均果重22.06克,最大28.0克,大小较均匀。果肉厚,绿白色,肉质致密,味酸甜适口,品质上等,适宜鲜食、制干和加工蜜枣。鲜枣可食率97.0%,含可溶性固形物31.0%,酸0.4370,维生素C 369.6毫克/100克。结果早,早丰性强,2年生树平均株产鲜枣0.82千克,4年生树平均株产鲜枣16.83千克,产量高而稳定。当地9月中下旬成熟。

(3)适栽地区和栽培技术要点:金铃长枣抗寒、抗旱、耐瘠薄,适宜北方宜枣生态区栽植,该品种为兼用优良品种,应根据枣果不同用途适时采收。用于鲜食应考虑鲜枣贮藏保鲜,用于制干应考虑产区建立烤房。

35. 金铃圆枣

(1)选育单位:辽宁省朝阳市经济林研究所,1993年枣树资源调查中选出,2002年通过辽宁省科技厅成果鉴定,同年通过辽宁省林木品种审定委员会审定。2004年通过国家林木品种审定委员会认定。

(2)主要性状:树势旺,树体大,干性强,枝条密,树冠自然圆头形或半圆形,树姿半开张。枣头红褐色,针刺较发达。枣股抽吊力较强,枣吊较长。叶片大,长卵形,深绿色。果实大,长卵形,纵径4.3厘米,横径3.9厘米,平均果重26.0克,最大75.0克,果皮薄,鲜红色。果肉厚,绿白色,肉质致密,味甜,汁液多,品质上等,适宜鲜食。鲜枣可食率96.37%,含可溶性固形物39.2%,总糖32.32%,酸0.39%,维生素C 329.0毫克/100克。结果早,早丰性强,9年生树平均株产鲜枣21.5千克,母树100年左右,可产鲜枣60.0千克。当地9月下旬成熟。

(3)适栽地区和栽培技术要点:同金铃长枣。金铃圆枣为鲜食优良品种,宜采用矮密栽培,以便于采收,并采取控冠修剪技术,大量栽植应考虑鲜枣贮藏保鲜。

36. 灵武长枣2号

(1)选育单位:宁夏农业科学院和灵武市林业局从灵武长枣中选出。

(2)主要性状:果实大,长扁柱形,纵径5.05厘米,横径3.1厘米,侧径2.6厘米。平均果重21.0克,最大40克,大小不均匀。果肉厚,肉质松脆,味甜,微酸,品质上等,适宜鲜食,鲜枣含可溶性固形物30.5%,可溶性糖24.8%,可滴定酸0.37%。

(3)适栽地区和栽培技术要点:同灵武长枣。

37. 冰糖1号

(1)品种来源与分布:冰糖1号是2003年江苏省宿迁县三棵树乡从当地鸡蛋枣中选出的优良单株,引种在泗洪县五里江农场华星火果树园农场枣园进行观察,表现果实较大、裂果、病果较轻,鲜枣、干枣品质优良。2007~2010年在江苏靖江、河北鹿泉、新疆阿克苏、和田等地进行区试。

(2)主要性状:树势强,树姿直立,树冠自然圆头形,发枝力较强。枣头红褐色,针刺发达,刺长2~3厘米。二次枝自然生长8~12节。枣股抽吊力强,多年生枣股平均抽生6~9吊。枣吊长18~26厘米,叶13~17片。叶较大,卵状披针形,叶长5.9厘米,宽3.2厘米,叶尖钝尖,叶缘锯齿粗。花中大,花径7毫米,花量多,昼开型,蜜盘浅黄色。果实大,近圆形,平均纵径4.52厘米,横径4.47厘米,平均果重21克,最大27克,大小均匀,果皮紫红色,果肉绿白色,肉质细而疏松,味酸甜,叶液中多。鲜枣含可溶性固形物38%,可食率94%,含维生素C 400毫克/100克。干枣富弹性。结果早,早丰性强,酸枣砧嫁接苗当年可结果,定植后3~5年进入丰产期,3年生树平均株产鲜枣3~3.7千克,连续结果能力强。在江苏泗洪县和新疆阿克苏地区,4月初萌芽,5月中下旬始花,9月初着色,9月中下旬成熟,果实生产期97天左右。冰糖1号抗旱、抗病、抗裂、抗涝、耐瘠,在山岭薄地生长结果也表现良好。

(3)栽培技术要点:该品种结果早,早丰性强,宜采取变化密植栽培模式,栽植密度前期株行距2~3米×3~4米,中、后期根据植株生长情况分期进行间伐,以达到前、中、后期都获得高效益。树形宜采用开心形和小冠疏层形,并要掌握控冠修剪技术,树高要小于行距,保证树体通风透光良好。冰糖1号为干、鲜兼优良种,要根据不同用途确定采收期,用于鲜食在脆熟期采收,用于制干宜在完熟期采收,若进行鲜枣贮藏,则宜在半红期采收。病虫害防治应根据当地病虫害发生危害情况坚持预防为主,综合防治的原则,以人工防治、农业防治、生物防治、物理防治为主,必要时选用高效、低毒、低残留化学农药防治,其他土肥管理、促花坐果,可按常规进行。

(4)适栽地区:该品种抗逆性和适应性强,在多地布点区试均表现良好,可在原产地和布点区试类似生态区发展,山地、平地均可栽植。该品种鲜食、制干均优,是一个很有发展前景的品种。

38. 鲁枣5号

(1)品种来源与分布:鲁枣5号,是山东省果树研究所2005年从金丝小枣实生苗中选出的优良株系,以金丝2号为对照进行比较试验和区试,表现果较大、早果、丰产、无裂果和病果,鲜枣和干枣品质优良,2010年12月通过山东省林木品种审定委员会审定,定名为鲁枣5号。2006~2009年在山东泰安、邹城、茌平、平度等地进行品种比较试验和区试。

(2)主要性状:树势强,树姿直立,树冠自然圆头形,发枝力中等。枣头红褐色,针刺不发达,二次枝自然生长7~11节。枣股抽吊力强,枣吊长15~28厘米。叶小,卵状披叶形,叶长5.8厘米,宽3厘米。花较小,花量多,昼开型,蜜盘浅黄色。果实较大(比对照),椭圆形,平均纵径3.12厘米,横径2.61厘米,单果重

10.52 克，最大重 11.7 克，大小均匀。果皮鲜红色，果肉厚，绿白色，肉质细而疏松，味酸甜，汁液中多，鲜食、制干兼用。鲜枣含可溶性固形物 37.6%，可食率 95.9%，含维生素 C 390 毫克/100 克。制干率 54.8%，干枣果肉丰满，富弹性。在山东泰安，4 月初萌芽，5 月中旬始花，9 月上旬着色，9 月中旬成熟，果实生育期 95~100 天。2009~2010 年枣成熟期间连阴多雨，主栽品种金丝小枣出现大量裂果，鲁枣 5 号无裂果现象，这一特点尤为可贵，是解决当前枣树生产中裂果问题最宝贵的资源。结果早，早丰性强，酸枣嫁接苗当年可结果，定植后 3~5 年进入丰产期，3 年生树株产鲜枣 3~3.4 千克，连续结果能力强。

（3）栽培技术要点：鲁枣 5 号结果早，早丰性强，宜采取变化密植栽植模式，以使前期、中期和后期都获得较高效益。树形以开心形和小冠疏层形为宜，修剪以夏剪为主，冬剪为辅，夏剪和冬剪相结合，要采取控冠修剪技术，树高要小于行距，保证树冠通风透光良好。病虫害防治要贯彻预防为主，综合防治的方针。以人工、农业、生物和物理防治为主，必要时选用高效、低毒、低残留化学农药，其他土肥水管理和促花坐果等可按常规进行。

（4）适栽地区：该品种抗旱、耐涝、耐瘠薄，适应性较强，金丝小枣类似生态区均可发展。其他枣区要引种区试。

39. 鲁枣 6 号

（1）品种来源与分布：该品种由山东省果树研究所 2005 年从枣树实生苗中选出，经观察，表现结果早而丰产、抗裂果、晚熟，品质优良，适应性较强，2006~2007 年进行品种比较区试，2010 年 12 月通过山东省林木品种审定委员会审定，定为"鲁枣 6 号"。

（2）主要性状：树势中庸，树姿直立，树冠自然圆头形，发枝力中等。枣头紫红色，针刺发达。二次枝自然生长 7~11 节。枣股抽吊力强，枣吊长 16~27 厘米，叶中大，卵状披针形，叶长 5.8 厘米，宽 3 厘米，先端钝尖，锯齿粗。花较小，花量多、昼开型，蜜盘浅黄色。果中大，长柱形，平均纵径 3.12 厘米，横径 2.61 厘米，平均果重 12.2 克，最大果重 15.4 克，大小较均匀。果皮中厚，鲜红色，果肉厚，绿白色，肉质细而疏松，味酸甜，汁液中多，品质上等，适宜鲜食。鲜枣含可溶性固形物 34.5%，可食率 97.1%，维生素 C 128 毫克/100 克。结果早，早丰性强，酸枣砧嫁接苗当年可结果，定植后 3~5 年进入丰产期，3 年生树株产鲜枣 3~3.4 千克，连续结实力强，丰产稳产。抗旱、耐涝、抗裂、耐瘠薄，适应性较强。在山东泰安，4 月初萌芽，5 月中旬盛花，9 月中旬开始着色。10 月上旬成熟，果实生育期 110~120 天。

（3）栽培技术要点：该品种早果、早丰，宜采取变化密植栽培模式，以使得早、中、后期都取得较高效益。树形宜采用开心形和小冠疏层形，修剪以夏剪为主，冬剪为辅，冬剪和夏剪相结合，并采取控冠修剪技术，树冠高度小于行距，通过合理修剪,使树冠通风透光良好。病虫害防治要贯彻预防为主,综合防治的方针,尽量不用或少用化学农药,必要时可选用高效、低毒、低残留农药,以防枣果农药残留和环境污染。其他管理可按常规进行。

(4)适栽地区:鲁枣6号适应性较强,金丝小枣类似生态区平原和山区均可发展。该品种结果早、早丰性强、品质优良,抗裂性强,是一个很有发展前景的鲜食优良品种。

40. 鲁枣7号

(1)品种来源与分布:该品种由山东省果树研究所2005年从磨盘枣实生苗中选出。2006~2007年进行品种比较试验和区试,表现磨盘性状稳定,不裂果、结果早而丰产,观赏、鲜食兼优。2010年12月通过山东省林木品种审定委员会审定,定名为"鲁枣7号"。

(2)主要性状:树势强,树姿直立,树冠自然圆头形,发枝力中等。枣头红褐色,针刺发达,二次枝自然生长7~11节。枣股抽吊力强,枣吊长15~18厘米。叶中大或较小,卵状披叶形,叶长5.5厘米,宽2.8厘米,叶尖钝尖,锯齿粗。花较大,花量多,昼开型,蜜盘黄色。果实中大或较小,磨盘形,平均纵径2.9厘米,横径2.5厘米,单果重8.6克,最大重9.3克,大小均匀。果皮中厚,紫红色,肉质细而疏松,味酸甜,汁液中多。鲜枣含可溶性固形物37.5%,可食率94%,含维生素C 124毫克/100克。观赏、鲜食均优。结果早,早丰性强,酸枣砧嫁接苗当年可结果,3~5年进入丰产期,3年生树株产鲜枣3~4.1千克,连续结实力强,丰产稳产。在山东泰安,4月初萌芽,5月中旬始花,9月上旬着色,9月下旬成熟,11月初落叶,果实生育期95~105天。

(3)栽培技术要点:该品种早果,早丰,宜采取变化密植栽植模式。前期株行距2米×3米,中期3米×4米,后期4米×6米,这种栽培模式,前、中、后期都可取得较高效益。树形宜采用开心形和小冠疏层形,修剪以夏剪为主,冬剪为辅,冬剪和夏剪相结合的原则,并要采取控冠修剪技术,树冠不宜过高,通风透光良好。病虫害防治要贯彻预防为主,综合防治原则。尽量不用和少用化学农药,以防枣果农药残留和环境污染,必要时可选择高效、低毒、低残留农药,其他管理可按常规进行。

(4)适栽地区:鲁枣7号抗旱、耐涝、耐瘠薄,结果早,进入丰产期早,丰产稳产,观赏、鲜食均优,而且抗裂果,类似生态区均可适量发展。

41. 中秋酥脆枣

(1)品种来源与分布:中秋酥脆枣是从湖南省祁东县当地糖枣中选出的优良鲜食品种。由于鲜枣成熟期在中秋前后,枣果酥脆香甜,故取名"中秋酥脆枣"。经多点观察和比较试验后,表现高产、稳产,品质好,适应性和抗逆性强。经2005年12月湖南省科技厅认定为"高新技术产品"。2006年列入国家星火计划重点项目示范推广。2007年3月通过湖南省作物品种审定委员会品种登记。近年来已在湖南、广东、福建、江西、贵州等18个省(自治区、直辖市)推广,面积达2000多平方千米,其中初东县推广1000多平方千米。

(2)主要性状:树势强健,树姿半开张,树冠自然圆头形,发枝力强,枝条粗壮,针刺发达。枣吊中长,叶片较大,长卵形,叶长6.4~7.8厘米,宽3.6~4.2厘米,深绿色。果实中大,椭圆形或长圆形,平均果重13.2克,最大25.7克,大小不均匀。果皮薄,果肉厚,白色,肉质细而酥脆,味浓甜,汁液多,有芳香,口感极佳,适宜鲜食。鲜枣含可溶性固形物43.7%,含糖35.8%,维生素C 312.21毫克/100克,蛋白质1.62%,氨基酸0.97毫克/100克,总黄酮0.20%,烟酸0.81毫克/100克,维生素B_1 0.12毫克/千克,维生素B_2 2.23毫克/千克,并含有维生素A、维生素E及钾、铁、铜等多种微量元素。核小,可食率97.1%。该品种抗旱、耐涝、耐瘠薄,抗病能力较强,适应于红壤、黄壤、石灰岩、紫色岩等各类土地条件。在产地3月下旬萌芽,5月上旬初花,9月中旬成熟,10月中旬落叶,果实生育期90~100天。

(3)栽培技术要点:中秋酥脆枣为鲜食优良品种,早果,早丰,高产稳产,宜采取变化密植栽植模式。前期株行距2米×3米,中期3米×4米,后期4米×5米或4米×6米,保证前、中、后期都可取得较高效益。树形宜采用自由纺锤形或开心形,修剪要冬剪和夏剪相结合,以夏剪为主,并要采用控冠技术,树高要小于行距,达到树体通风透光良好。要加强土肥水管理,搞好病虫综合防治,发展数量多时,产区要建鲜枣保鲜库。

(4)适栽地区:适宜南方类似生态区发展,北方发展要先引种区试,观察其适应性。

42. 极晚熟木枣

(1)品种分布:分布于山西省柳林县三交镇。为当地主栽品种木枣自然变异单株。

(2)主要性状:植株生长于村前沟平地,树龄约60年生。干高63厘米,干周85厘米,树高9米左右,冠径东西6.5米,南北4.2米。树势较强,树姿直立,枣头紫褐色,平均生长量70厘米左右,节间长9.6厘米,二次枝自然生长5~6节,针刺不发达。枣吊中粗较长,平均长22厘米,着生叶片12个左右。叶较大,长卵形,浓绿色,叶长7.6厘米,宽3.5厘米,先端钝尖,叶基偏圆形,叶缘锯齿粗而中密。果实较大,柱形,纵径4厘米,横径2.50厘米,平均果重16.3克,大小较均匀。果梗长而较细,梗洼较广中深,果顶平,柱头遗存,不明显,果皮厚,紫红色,果面光滑,果点小而密,圆形,浅黄色,不明显。果肉厚,白色,肉质硬,味甜酸,汁液中多,品质中等,适宜制干,自然制干率50%左右。鲜枣含可溶性固形物35%,常年10月下旬成熟。2016年10月中旬成熟。产量中等,吊果率

120%,坐果部位2~14节,主要坐果部位2~10节,占坐果总数的94.1%。核小,细长纺锤形,纵径2.6厘米,横径0.63厘米,核尖细而中长,不含种仁,当地10月中下旬成熟,果实生育期120天以上。

(3)适栽地区:适应性强,成熟特晚,基本不裂果或裂果很轻,丰产性中等,品质中等,适宜黄河中游黄土丘陵区发展。

43. 抗裂赞皇大枣

(1)品种来源及分布:原产河北赞皇县,1988年山西省农科院园艺研究所从赞皇县引进,栽培于品种园,1998年山西省柳林县石西乡薛维海从山西省农科院园艺所引进,栽植于黄河沿岸黄土丘陵区,2006年选出。

(2)主要性状:果实大,椭圆或长圆形,纵径4.4厘米,横径3.4厘米,单果平均重21.7克,大小较均匀。果梗细而较长,梗洼中广而深,果顶平,果皮中厚,紫红色,果面光滑,果点圆形,小而密,浅黄色,不明显。果肉厚,白色,肉质较致密,味甜,汁液中多,品质上等,鲜食、制干、加工蜜枣兼用,鲜枣可食率98.35%,含可溶性固形物31%。丰产性强,核小,纺锤形,纵径2.50厘米,横径0.73厘米,重0.33克。核尖较短,核纹较浅,多不含种仁,有的仅有种皮,当地10月上旬成熟,果实生育期115~120天。

生长势较强,树姿半开张,枣股抽吊力强,每股平均抽生4~5吊,枣吊粗而较长,平均吊长22.6厘米,着生叶片16.5个,叶大而厚,浓绿色,阔卵形,叶长6.6厘米,宽3.8厘米,先端渐尖,叶基偏圆形,叶缘锯齿粗而中密。坐果率高,吊果比1:2.5,坐果部位1~16节,主要坐果部位4~10节,占坐果总数的77%。

(3)栽培技术要点和适栽地区:同赞皇大枣。

三、酸枣名优品种

1. 高平古酸枣

(1)品种分布:分布于山西省高平县石末乡石末村村中,距县城45千米,海拔910米,年均气温9.8℃,绝对最高温38℃,绝对最低温-24℃,平均降水量624.8毫米,无霜期180天,土壤为灰褐色土。树龄有千年以上,有资料报道树龄达2000余年,是目前全国最古老的酸枣树。

(2)主要性状:树势较强,树体高大,树冠圆头形,树姿半开张,枝条中密,均为更新复壮枝。干高2.88米,干周5.08米,胸围5.07米,主干内膛已成空洞,空洞直径70厘米。树高11米,冠径东西8.7米,南北13米,主枝5个,主枝周径分别为1.91、1.79、1.11、1.26、1.65米,第一主枝已枯死。主干灰褐色。皮裂深2.5厘米左右。枣头红褐色,萌发力较强,平均生长量31.41厘米,二次枝6~8个,节间长4.38厘米,针刺发达,刺长1.5~1.8厘米。枣股小,抽吊力强,每股平均抽生4.35吊,枣吊细而中长,平均吊长15.2厘米。叶片小而较薄,长卵形,先端钝尖,叶基圆形,叶缘锯齿细而较密。果实小,椭圆形,大小较均匀,纵径1.26厘米,横径0.96厘米,平均果重0.54克,最大果重1.1克。果皮厚,浅红色,果面光滑,果梗细而中长,梗洼中广较浅。果点小而圆,浅黄色,分布较密。果顶平,柱头遗存。果肉中厚,绿白色,肉质致密,味酸,汁液少。核较小,短纺锤形,纵径0.96厘米,横径0.49厘米,重0.15克,可食率72.22%。大果内含有种仁,种仁较饱满,多为单仁,小果内不含种仁。产量低,1982年调查,产量不足5千克。结果部位2~13节,主要结果部位5~8节。9月下旬成熟,果实生育期110天左右。

这株古老的酸枣树,生长在村中,在不进行任何管理,任其自然生长状态下,还能少量结果。这样古老的酸枣树是活的历史标本,这对研究酸枣的历史,生物学特性具有重要的价值。

2. 鸡心大酸枣

(1)品种来源及分布:分布于山西省晋中市榆次区鸣谦镇。由当地野生酸枣中选出。

(2)主要性状:树势较强,树姿半开张,枣头红褐色,针刺较发达。果实大,鸡心形,纵径3.0厘米,横径2.35厘米,平均果重8克,最大10克,大小较均匀。果皮厚,紫红色,果面光滑,果点小而密,圆形,浅黄色,不明显。果梗细而中长,梗洼窄而中深,果顶平,柱头遗存,极小,不明显。果肉厚,乳白色,肉质细,味甜酸,汁液多,鲜枣含可溶性固形物34%,适宜鲜食、制干和加工饮料。核较小,纺锤形,纵径2.0厘米,横径0.88厘米,重0.75克,可食率90.75%,核尖较短,核纹浅,含仁率100%,大果种仁饱满,当地9月下旬成熟。

(3)适栽地区:该品种抗逆性强,较丰产,果实较大,可食率较高,用途较广,当地市场干枣售价每千克12元,供不应求,适宜北方宜枣区发展。可按常规技术进行管理。

3. 龙眼酸枣

(1)品种分布:分布于山西省清徐县小武村,2010年由山西省红枣协会从酸枣实生树中选出,数量不多。

(2)主要性状:树龄5年生,树势较强。枣头红褐色,针刺发达。叶中大,长卵形,枣吊较长。果实大,近圆形,纵径2.86厘米,横径2.77厘米,平均果重10克左右,大小较均匀。果皮厚,暗红色,果面光滑。果肉较厚,绿白色,肉质较致密,味酸,汁液多,半红期含可溶性固形物22.0%,宜做酸枣饮料。核卵圆形,平均核重0.97克,可食率90.0%左右。含仁率高,多为单仁,大果为双仁。当地10月10日左右成熟,产量中等。适应性强,已在山西省太原市长沟、交城县引种栽培。

4. 大老虎眼酸枣

(1)品种来源:北京市京宝园艺场选出,2001年采集接穗苗圃嫁接,当年少量结果,2003年株产3千克左右,经观察优良性状稳定,2007年通过北京市林木品种审定委员会审定,定名"大老虎眼酸枣"。

(2)主要性状:果实大,近圆形,纵径3.08厘米,横径2.83厘米,平均果重12.9克,最大21.7克。果皮薄,果肉浅绿色,致密酥脆,味酸略甜,汁中多,适宜鲜食,品质上等,鲜枣含可溶性固形物24.8%。核椭圆形,重0.5克左右,可食率92.2%,含仁率96.3%,双仁率占10%。结果早,结实力强,成熟早,适应性强,平地和丘陵山地均可发展。

5. 长椭圆形大果酸枣

(1)品种分布:安徽省淮南上窑林场,数量不多。

(2)主要性状:树体中大,树姿半开张,发枝力中等,树冠呈自然圆头形。针刺不发达。果实大,椭圆形,纵径3.6厘米,横径2.6厘米,侧径2.4厘米,平均果重10.5克,最大13克以上。果皮薄,果肉厚,绿白色,质地较松,纤维多,味甜酸,汁液少,成熟期含可溶性固形物10.0%。品质中等。核宽梭形,纵径2.6~2.8厘米,横径1.0~1.1厘米,平均重1.2克,可食率90.0%左右。当地9月中旬成熟,生育期105天左右,较耐瘠薄,花期忌低温、多雨。

6. 锦西大酸枣

(1)品种分布:分布于辽宁省锦西虹螺舰、石庆窑子、张相公村等地,由当地农民从野生酸枣选出,栽培历史较长。

(2)主要性状:树体中大,树姿开张,枝条稠密,针刺发达。花量大,花径4毫米,蜜盘淡黄色。果实近圆形,平均果重6.0~7.0克,大小较均匀,果皮深红色,果肉厚,肉质细脆,味酸甜,汁液多,品质中,适宜鲜食、仁用和加工酸枣饮料。核小,圆形,纵横径0.6厘米左右,平均核重0.3克,可食率94.5%,含仁率极高。结果较早,产量不稳定。适应性极强,尤耐干旱和瘠薄。当地9月下旬成熟,生育期110天左右。

7. 米酸枣

(1)品种分布:分布于河北邢台,滦平和陕西铜川等地。

(2)主要性状:树体矮小,呈灌木或小乔木。枣头细弱,枣吊长11厘米左右,叶片小,卵形或披针形,叶长2.20厘米,宽1.10厘米。果实特小,圆形,平均纵径0.71厘米,横径0.70厘米,单果重约0.40克。果肉薄,味淡,汁液少。核近圆形,有两条对称的纵沟,平均纵径0.42厘米,横径0.40厘米,侧径0.34厘米,含仁率100%,双仁率33.0%,种仁饱满,棕色,椭圆形,纵径0.35厘米,横径0.32厘米,侧径0.22厘米。成熟期早。

8. 邢台0604

(1)品种分布:河北邢台。

(2)主要性状:果实近圆形,纵径2.01厘米,横径2.26厘米,平均果重4.4

克。可食率90.9%,果肉含多糖0.58%,可溶性糖16.1%,可滴定酸0.34%,糖酸比47.4,维生素C 246毫克/100克。核纵径1.34厘米,横径1.0厘米,平均核重0.40克,含仁率100.0%,千仁重65.5克,种仁含黄酮2.4%,皂甙0.48%。较丰产,适宜鲜食、仁用和加工酸枣饮料,为优异鲜食类型。

9. 邢台11号

(1)品种分布:分布于河北邢台县东川口村,为大果优异类型。

(2)主要性状:果实圆形,纵径2.31厘米,横径2.4厘米,平均果重5.08克,可食率92.14%。果核纵径1.5~1.7厘米,横径0.73厘米,平均核重0.40克,含仁率100.0%,千仁重61.83克。适宜鲜食、仁用和加工酸枣饮料。

10. 延长1号

(1)品种分布:分布于陕西省延长县。

(2)主要性状:果实圆形,纵径2.36厘米,横径2.23克,平均果重6.33克,可食率91.7%。果核纵径1.56厘米,横径0.92厘米,平均核重0.52克,含仁率91%,千仁重79.3克,种仁含黄酮1.8%,皂甙0.43%。丰产,适宜药用和酸枣饮料加工,为大果优异类型。

11. 佳县团酸枣

(1)品种分布:分布于陕西佳县城关镇小会坪,栽培历史悠久,是陕西人工栽培最广的酸枣类型,当地多在河滩地栽种,现有300多年生的大树。

(2)主要性状:树体较大,树姿直立,树冠呈自然圆锥形。枣头红褐色,针刺发达,叶中大,卵状披针形。花量大。果长圆形,纵径2.60厘米,横径2.0厘米,侧径1.90厘米,平均果重5.2克,大小不均匀。果皮中厚,褐红色。果肉绿白色,肉质较松,味酸甜,汁中多,品质中上,可鲜食、制干和仁用。核较小,可食率90%左右,含仁率100%。适应性强,结果较早,产量中等,稳定,当地9月中旬成熟。果实生育期95天左右。

12. 蓟县麻枣

别名大麻枣。

(1)品种分布:分布于天津市蓟县及河北东部,分布较广。数量较多。

(2)主要性状:树体中大,树势强,树冠多呈自然圆头形。果实较大,短椭圆形,纵径2.70厘米,横径2.30厘米,平均果重7.4克。果皮红褐色,果肉浅绿色,质地松脆,味甜酸,汁液少,品质较好,适宜鲜食,为品质较好的鲜食晚熟酸枣品种。果核中大,近长圆形,纵径1.64厘米,横径0.75厘米,当地10月初成熟。

13. 鸡心酸枣

别名卵形大酸枣。

(1)品种分布:分布于陕西省神木县万镇界牌村一带,多呈群生状群落。

(2)主要性状:树体中大。干性强,树姿开张,树冠呈自然圆头形。枣头红褐色,针刺不发达,二次枝自然生长3~6节。枣吊长18.0~23.5厘米。叶中大,披针形。果实较大,鸡心形,纵径2.4~2.6厘米,横径1.7~2.0厘米,平均果重5克左右,大小不均匀。果皮薄,褐红色,果肉淡黄色,质地细而稍软,味酸甜,汁液多,品质上等,适宜鲜食、仁用和加工酸枣饮料。核短梭形或倒卵形,纵径1.40~1.60厘米,横径0.9厘米左右,含仁率高,适应性强,当地9月中下旬成熟,生育期约100天。

14. 宿萼早熟酸枣

别名泥河沟团酸枣。

(1)品种分布:分布于陕西省佳县朱家坬乡泥河沟村,仅发现几株,是酸枣中少见的类型。

(2)主要性状:树体较大,树姿开张,树冠呈自然圆头形。枣头红褐色,二次枝弯曲,针刺发达。枣吊长15.0~18.0厘米,叶较小,卵状披针形。果实小,长圆形,纵径1.6~2.1厘米,横径1.2~1.7厘米,平均果重1.5~2.4克,大小较均匀,梗洼周围常有3~5个萼片宿存。果皮薄,褐红色,果肉浅绿色,质地细,较疏松。味酸甜,含仁率70%。适应性强,果实8月成熟,生育期80天左右。

15. 古县古酸枣

(1)品种分布:分布于山西省古县店上乡店上村北梯田地坝上,据县志记载和民间传说,此树始于唐代,已有一千多年的历史,当地称"酸枣王"。

(2)主要性状:干周3.2米,干高6米,树高13米,冠径东西9米,南北10米左右。树势中庸,树冠圆头形,保持较完整。至今尚能少量结果,果实长圆形,纵径1.6厘米,横径1.2厘米,干酸枣果重0.7克。果皮厚、深红色,果肉味酸。抗逆性和适应性强,果实9月下旬成熟。

1. 调查时间:2000.3.11
2. 参加调查人:山西省果树研究所张志善、康振英,古县县志史办调研员周少汉,店上村干部。

第六节　高接换种,改良品种

一、高接换种的意义

优良品种是枣树高效栽培的重要措施之一。随着市场经济的发展和人民生活水平的提高,广大消费者对果品质量的要求愈来愈高,品质较差的枣品和低档次的枣品,将逐步失去市场竞争力,栽培低质量品种,很难实现枣树高效栽培的目的。

为了适应国内外市场对枣果质量的要求,提高枣树栽培效益,增加枣农收入，对原有品质较差的枣树品种，通过高接换种，进行品种改良，是一条非常有效的途径。山西省运城市临猗县庙上乡，是鲜食优良品种梨枣原产地和主要生产基地，进入21世纪以来，由于冬枣品质和市场售价高于梨枣，枣农主动将梨枣树通过高接换种改变成冬枣，冬枣成为当地主栽品种，当地生态条件，冬枣比原产地提早成熟半个月左右，冬枣比原主栽品种梨枣品质好，又比原产地成熟早，深受市场欢迎，通过高接换种，冬枣比梨枣栽培效益提高1倍以上，梨枣每千克售价2元以下，冬枣每千克市场售价4元以上。实践证明，枣树品质不好的品种，通过高接换种，进行品种改良，方法简便，技术容易掌握，嫁接成活率高、结果早、产量增长快、经济效益增加。枣树高接换种，进行品种改良，对迅速扩大优种栽培比例、提高枣树栽培效益、增加枣农收入、适应市场需求，具有重要意义。这项技术已在全国枣区广泛推广，并已取得良好效果。

二、高接换种的要领

（一）高接部位伤口不宜大

枣树高接，嫁接伤口的愈合程度与伤口面大小有关，枝条粗细适中，伤口愈合较好，枝条过粗，嫁接伤口面过大，嫁接后短期内愈合不了，遇大风嫁接成活的枝条容易伤口处折断。一般高接部位枝条粗度，以直径不超过5厘米为宜。大树高接换种，宜采取多头高接的方法，把接穗接在适宜粗度的枝条上，接口方向宜选在迎风面，以提高抗风力。接口面直径在3厘米以上时，视具体情况可接2个接穗，以利于伤口早日愈合。壮龄和老龄枣树改换品种。宜先进行更新，然后在萌发的新枝条上，选择适宜的方位进行嫁接。

（二）高接换种要一次完成

有些地方枣树高接换种采取分期换种的方法，每株树先改接一部分枝条，留一部分枝条让其结果使其对当年产量影响减小一些。其结果是树体营养分散，改接成活的枣头枝生长不良，相当长的时间内，改良的品种结果不多，效益不高。而且每株树有两个品种，给管理带来不便。不同品种，成熟期不同，要分别采收，对全园枣树高接换种，可分期实施，逐年完成，对一株而言，则要一次完成换种，这样才能保证新换品种的正常生长结果，尽快提高新换品种的产量和经济效益。

三、高接换种的时期和方法

枣树高接换种一般在萌芽前后进行。嫁接方法主要采用皮下接和劈接。萌芽前枝条未离皮时，可采用劈接，4月下旬至5月份枝条离皮后，宜采用皮下接，以离皮后早接为宜。离皮后早进行嫁接，接穗成活后生长期长，生长量大。以上两种嫁接方法以皮下接操作较方便、成活率较高，但抗风力较弱，嫁接成活的枝条，伤口愈合的不太牢固时常受风害。有的地方采用皮下腹接，而且采用多部位嫁接,有的嫁接部位偏高,对以后管理带来不便。不论采用何种嫁接方式,都要采用高质量的蜡封接穗。嫁接后嫁接部位要及时用塑料条或地膜捆绑严实,以防接口部位失水和下雨渗水而影响成活(图4-1)。

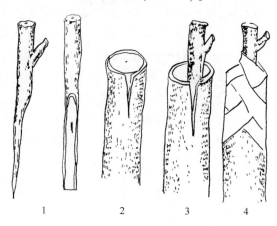

图 4-1 皮下接
1. 削接穗;2. 切砧木;3. 接合;4. 塑料条捆接口

四、高接后的管理

(一) 及时除萌和松绑

高接后,会刺激嫁接口以下潜伏的隐芽萌发,对嫁接后出现的萌芽,要及时疏除,以防树体营养的无效消耗,而影响嫁接成活率和成活接穗的正常生长,枣树高接后,大量枝条去除,树体营养相对充足,成活的接穗生长较快,要注意及时解除接口包扎物,或进行松绑,以防捆绑的塑料绳勒入接口部位,形成溢痕,妨碍接穗的正常生长,并易发生风害。

(二) 及时立防风支柱

高接当年,成活的接穗一般生长量可达100厘米以上,但嫁接口愈合还不太牢固,遇到刮大风时枝条易从接口处折断。为了防止风害,当接穗长到40厘米左右时,要及时立支柱,把枝条绑在支柱上,接穗长到70~80厘米时,再绑一次,待接穗口愈合牢固后再去除支柱。

(三) 加强综合管理

为了使高接树早果、早丰、高产、优质和高效的效果,必须加强综合管理。丘陵山区的高接树要搞好水土保持,树盘要进行生物覆盖,打旱井蓄水浇灌枣树,开花期遇高温天气,早晚要进行树冠喷水。并要注意病虫害防治和叶面喷肥。

第五章 枣树高效栽培实用技术

第一节 土肥水管理

土、肥、水管理是枣树栽培管理中最主要的内容,是枣树高产、稳产、优质、高效的重要前提和基础。枣树土、肥、水管理是一项长期的工作,其工作量是很大的,管理工作是否到位和良好,对实现枣树高产、优质、高效的栽培目的,具有决定性的意义。

当前枣树土、肥、水管理存在很多问题,有些枣农不重视土、肥、水管理,认为枣树不进行土、肥、水管理也能结枣,有相当部分枣树长期都不进行土、肥、水管理,任期自然生长,地面荒芜,杂草丛生,树势很弱,病虫害严重,结果很少,基本没有效益。有关部门统计,2000年全国结果枣树平均每667平方米鲜枣产量仅200千克;山西省结果枣树每667平方米鲜枣产量仅100千克,河北沧县和山东沾化,结果枣树平均每667平方米产鲜枣500千克;山西临猗县庙上乡结果枣树(品种为梨枣、冬枣)每667平方米平均产鲜枣1250千克,该乡山东庄村枣农黄晓明管理的示范枣园,每667平方米平均产鲜枣3500千克。实践证明,枣树并非低产树种,枣树具有很大的增产潜力,有些枣树产量不高,除与品种丰产性、生态条件有一定影响外,主要是管理粗放,特别是土、肥、水管理不到位造成的。山西省柳林县石西乡石西村退休教师薛维海,2015年在本村承包了2公顷旱地枣园,经过认真的综合管理,特别是土壤管理,枣园地面草光地净,土壤疏松,当年枣树都结果累累。相邻放弃管理的枣树,地面杂草丛生,树上结果很少,叶片发黄,提早落叶,基本没有效益。2015年9月下旬枣成熟期间,县林业局组织全县15个有枣树的乡镇分管领导和枣农进行了现场参观。事实表明:只要认真做好以土、肥、水为主的综合管理,就可以实现高产、优质、高效的栽培目的。

一、土壤管理

(一)秋耕枣园和翻树盘

平地枣园,秋季枣果采收后至土地封冻前,行间土壤要进行耕翻,株间和零散的枣树要用铁锹翻树盘,深度为20厘米左右,以使土壤疏松熟化,改善土壤理化性状,提高土壤吸水保水能力,减少和消灭一部分在土壤中越冬的害虫,有利于冬季土壤蓄积雪水,地面落叶和杂草翻入土中,腐烂后有利于提高土壤肥力。

(二) 生物覆盖

枣树行间、株间和零散枣树的树盘内,覆盖20厘米厚的作物秸秆和杂草,在覆草上压少许碎土,以防被风刮走和流水冲走。枣树进行生物覆盖可抑制杂草生长,提高土壤保水能力。覆盖物腐烂分解后翻入土中,可提高土壤肥力,改善土壤结构,有利于枣树生长和结果。

(三) 合理间作

枣园间作是一种立体种植模式,可提高土地利用率,更好地发挥枣园生产能力,取得更好的经济效益。枣树休眠期长,生长期短,叶片小,自然通风透光好,有利于进行间作。枣园间作,地上部形成林网,地面被间作物覆盖,可降低风速,减少蒸发,防止水土流失,提高土壤含水量,调节枣园温湿度,有利于枣树的生育,可提高枣园的经济效益。

1. 留出保护带

首先要明确,枣树是枣园的主体,间作物是枣园的附属,主从关系要明确,在不影响枣树正常生育的前提下,合理进行间作。平地枣园,栽植时要留出1米宽的保护带,以便于枣树管理,避免行间机耕时损坏枣树。随着枣树逐年长大,间作物的范围逐年减少。

2. 选好间作物

枣园间作物,宜选择株型较矮,生育期较短,与枣树生育交错期较长,不相互感染病虫害,对枣树通风光照影响不大,和枣树肥水矛盾较小的作物。这些作物是豆类、小麦、瓜类、马铃薯、药材、花生、大蒜、油菜和绿肥作物百脉根、白三叶、扁茎黄芪等。不宜间作高粱、玉米、蓖麻、向日葵等高秆作物,深根性、宿根性的苜蓿,以及易传播枣疯病的寄主作物芝麻和松柏树苗木。此外要注意,枣园间作棉花,要重视棉铃虫的防治;枣园间作薯类,宜选择成熟早的夏马铃薯品种;枣园间作蔬菜,要选择春、夏季收获的品种。幼龄枣园不宜间作晚秋收获的白菜、萝卜、芥菜等蔬菜,间作这些蔬菜,枣树易受浮尘子为害。

为了实施枣树无公害栽培,提倡枣园重点间作绿肥。枣园间作绿肥,地面绿色覆盖层,可有效地积蓄雨水,防止雨水冲刷和水土流失,调节枣园温湿度,改善枣园生态环境,提高土壤含水量和有机质,改善土壤结构,为枣树无公害栽培,生产无公害枣果创造良好条件。

(四) 中耕除草

枣树生长期间,每逢下雨和灌水后,要及时中耕、松土、保墒、清除杂草,使土壤经常保持疏松和无杂草状态。中耕除草,切断了土壤毛细管,抑制了土壤水分的蒸发,有利于土壤透气、吸水和保墒,防止杂草与枣树争夺水分和营养,并可减轻病虫害。多雨年份夏季杂草生长旺盛,结合中耕除草,把杂草收集堆积起来沤制绿肥,也可把杂草直接埋入土中,或用于树下覆盖。此时气温高,湿度大,又正直雨季,杂草当年就能腐烂分解,变成可吸收的有机肥。

(五)清除根蘖苗

枣树水平根上的不定芽易萌生根蘖苗,根蘖苗生长前期,自生根不发达,主要靠母体吸收和消耗母体营养,对母体生长和结果都有不良影响,根蘖苗不清除,对枣树地下部管理带来不便。

用根蘖苗繁殖枣树是我国传统的繁殖方法,有的枣农至今还在沿用,为此,于春、夏、秋季把根蘖苗刨出,用于归圃育苗,以避免和减少根蘖苗吸收和消耗母体营养,并便于枣园地下部管理,同时繁育了枣树苗木。优良品种的根蘖苗可直接出圃,品种不好的根蘖苗可作砧木。

(六)炮震松土

炮震松土是山西吕梁市临县枣农发明的一项枣树土壤管理措施。具体方法是春季土壤解冻后至萌芽前,在丘陵旱地枣树树冠外围两侧的垂直投影处,打两个80~100厘米深的炮眼,每个炮眼内放以硝酸铵为主要原料的炸药0.5千克,由专人用雷管引爆,将周围土壤震松,每炮松土范围1平方米左右。炮震松土可使土壤疏松,加厚活土层,提高土壤吸水、保湿能力和透气性,有利于土壤微生物活动,改善根系的生长环境。

二、枣树施肥

枣树是寿命很长的经济林,长期固定在一个地方,每年生长结果都要消耗一定的营养,这些营养是从土壤中吸收和叶片进行光合作用制造的。在过去还是现在有相当一部分枣树,长期不进行施肥,有些枣农错误地认为,枣树不施肥也能结枣,殊不知肥料就是枣树的粮食,不给枣树施肥,使枣树长期处于饥饿状态,由于营养缺乏,生长势很弱,产量很低,果实品质也很差。有些枣农虽也给枣树施肥,但施肥量不足。还有些枣农不给枣树施有机肥,单纯施化肥,更不懂得科学施肥,虽然枣树也有一定产量,但果实品质明显下降,而且抗病性也明显减弱。要想达到高产、优质、高效的栽培目的,必须科学进行枣园施肥,满足枣树生长和结果对营养的需求。

(一)多施有机肥

有机肥可作为枣树的主要肥料,其施用量占施肥总量的70%以上。以施有机肥为主,符合枣树无公害栽培的要求,有利于提高枣树树体及果实的抗病能力,有利于提高果实的品质和市场竞争力,从而有效地提高枣树的栽培效益。有机肥种类包括各种家畜、家禽粪便、人粪尿、绿肥、堆肥和草木灰等。有机肥是完全肥,不仅含有枣树生长发育所需要的氮、磷、钾主要元素,还含有多种微量元素(表5-1)。施用有机肥,可提高土壤肥力,促进土壤中微生物的活动,改善土壤理化结构,为枣树的生长和结果奠定良好的物质基础。

表5-1 各种有机肥的氮、磷、钾元素含量(%)

肥料种类	氮	磷	钾	备 注
猪 粪	0.34	0.23	0.20	
猪圈肥	0.45	0.19	0.60	
羊 粪	0.07~0.08	0.45~0.50	0.30~0.6	
羊圈肥	0.83	0.23	0.67	
鸡 粪	1.63	1.54	0.85	
牛 粪	0.36~0.45	0.15~0.25	0.05~0.15	1. 摘自《农业科技常用数据手册》
牛圈肥	0.34	0.16	0.04	2. 各种有机肥呈微碱性
马 粪	0.40~0.55	0.20~0.30	0.35~0.45	3. 人粪尿为速效性肥,其余多是迟效肥
马圈肥	0.58	0.28	0.53	
兔 粪	1.58	1.47	0.21	
人 粪	1.00	0.50	0.37	
人粪尿	0.50~0.80	0.20~0.40	0.20~0.30	
棉籽饼	3.41	1.63	0.97	
菜籽饼	4.60	2.48	1.40	
绿 肥		0.20	1.44	
小麦秸秆	0.50	0.20	0.60	
草木灰		1.59	8.09	
堆 肥	0.4~0.5	0.18~0.20	0.45~0.70	

北方枣区施用有机肥时期宜选择在枣果采收后早施为好,一般在10月上中旬进行。秋季早施有机肥,土壤温度较高,湿度较大,根系还未停止活动,肥料在土壤中有较长的时间进行分解,有利于来年枣树及早吸收利用。施用有机肥,要先经过腐熟分解,才能被枣树吸收利用,不能施用未经腐熟和分解的肥料。如秋季未施有机肥,要在来年春季土壤解冻后尽早进行补施,早春补施有机肥,可混用一些速效磷肥,以便及早发挥肥效。

(二)适量施化肥

在一年当中,枣树休眠期较长,生长期较短,大部分品种年生长期为175~180天。枣树生长前期,萌芽、花芽分化、枝叶生长、开花坐果和幼果生长,物候期重叠,营养竞争激烈,营养矛盾突出。因此,枣树除主要施用有机肥外,还需要在生长前期,适量施用速效性化肥,以满足树体各器官的正常生育对营养的需求,常用化肥主要有尿素、过磷酸钙、磷酸二铵、磷酸二氢钾和硫酸钾等(表5-2)。

根据枣树生育特征,6月份花期之前(含花期)以氮肥为主,7月份幼果期和果实生育期,以施磷、钾肥为主。一般一年追肥2~3次,第一次在4月中旬枣树萌芽期,这次追肥有利于枣树萌芽、花芽分化、枝叶生长和开花坐果,可施用尿素和腐熟人尿素等。第二次在7月上旬幼果期,枣树开花晚,花期长,花量大,开花坐果和枝叶生长消耗了很多营养,这次追肥可缓解树体各器官对营养需求的矛盾,减轻生理落果,促进各器官正常生育。肥料可选用磷酸二铵、过磷酸钙和腐熟人粪尿等。第三次在7月下旬至8月初果实生育期,这次追肥可促进果实正常生育,减轻后期落果,提高产量和品质,肥料种类同第二次。

表5-2 几种常用化肥氮、磷、钾营养元素含量(%)

肥料种类	氮	磷	钾	备注
尿素	45~46			呈中性
磷酸二铵	16~18	46~48		
过磷酸钙		14~20		呈微碱性
磷酸二氢钾		24~52	27~34	
硫酸钾			48~52	呈微碱性
人粪尿	0.5~0.8	0.2~0.4	0.2~0.3	

(三)喷施叶面肥

叶面喷肥也称根外追肥。在枣树生育期,根据树体各器官需肥特点,将速效性肥溶解稀释为适宜浓度,选择无风或微风天气,均匀喷布在树冠上,以补充树体营养的不足,满足枣树不同生育期对营养的需求。叶面喷肥,简便易行,具有省肥、省钱、省水,肥料吸收快和利用率高的特点。经济实用,便于推广。叶面喷肥后,肥液在短期内即可被叶片吸收。据观察,喷施尿素后,叶片绿色加深,叶绿素含量提高,光合作用增强,光合产物增多,对枣树生长、结果和果实品质提高,都有良好的效果。叶面喷肥在枣树展叶后至落叶前均可进行,5~6月份以氮肥为主,常用的肥料主要是尿素,7~8月果实生育期以磷、钾肥为主,常用的肥料主要为磷酸二氢钾等。山西运城枣区,多年来枣树叶面肥选用英国光合有限公司生产的翠康钙宝、翠康花果灵和翠康金朋液,在枣树展叶后至幼果期喷施2次,对提高产量和品质有较好的效果,对防治缩果病和裂果也有一定效果。叶面喷肥,肥效持续时间短,不能代替土壤施肥,只能作为土壤施肥的补充,是一种经济有效的施肥方法。除上述肥料外,有的枣农在花期喷施硼肥和稀土溶液,对提高坐果率有明显效果。

(四)施肥数量和方法

1. 施肥数量

施肥数量的多少,因树体大小、肥料种类、土壤肥力和果实多少等情况而定,对盛果期大树,应适当多施肥,结果较多,土壤肥力较低,肥料质量较差等,要适当多施肥。反之,可适当少施。应根据树体营养状况,确定经济有效的施肥量,避免盲目施肥。中南林学院通过树体营养诊断,提出进入盛果期树的施肥方案:株施氮肥0.531千克、磷肥0.833千克、钾肥0.299千克。山东果树所枣课题组提出的施肥方案:按产量确定施肥量,亩产100千克鲜枣施纯氮1.5千克、五氧化二磷1千克、氧化钾1.3千克。还有些科研单位,参考各种有机肥养分(氮、磷、钾)含量,提出枣果(鲜枣)肥(腐熟有机肥)比是:鸡粪1∶1,羊粪1∶1.5,牛、马、猪粪1∶2。上述有关科研单位提出的枣树施肥量意见可提供参考。

枣树叶面肥,各枣区常用的浓度是:尿素0.3%~0.5%,磷酸二氢钾0.2%~0.3%,硼砂、硼酸0.2%~0.3%,稀土0.3%~0.4%,翠康钙宝、翠康花果灵、翠康金鹏液0.08%~0.1%。上述肥料可单施,也可混施。在枣树生长期一般喷肥2~3次。

2. 施肥方法

施肥方法有环状施肥、放射状施肥、条沟施肥、穴施肥和全园撒施肥等多种。

(1)环状施肥:在树冠外缘,挖深、宽各40厘米左右的环状沟,将腐熟的肥料与熟土搅拌均匀施入沟内,及时埋土填平。

(2)放射状施肥:距树干50厘米向树冠外缘挖4~6条施肥沟,沟深20~40厘米,由里向外逐渐加深,将与熟土混拌均匀的肥料施入沟内,及时用土填平。

(3)条沟施肥:在树冠外缘东西或南北挖深、宽各40厘米左右,长视树冠大小而定的施肥沟,将肥料和熟土混拌均匀施入沟内,及时用土填平,如果植株稍大,可在两行树中间挖沟将肥料施入,及时用土填平。

(4)穴施肥:施用化肥,多采用穴施法,根据树的大小,在树冠下挖15厘米深的施肥穴,将肥料与土混匀施入穴内,及时用土填平,以防肥料挥发降低肥效。枣树施肥,要坚持以有机肥为主,化肥为辅的原则。在有机肥充足的情况下,尽量少施化肥或不施用化肥。水地施用化肥,要结合进行浇水;旱地施用化肥要结合下雨,以便肥料能及时溶解被枣树吸收。

(5)全园撒施肥:成龄大树,根系已布满全园,可采用全园撒施法,将肥料均匀撒在树冠下,及时翻入土中。

以上几种施肥方法,以条沟施肥比较简便,生产上多采用此法。各种肥料施后当年利用率,见表5-3。

三、枣树浇水和水土保持

枣树是抗旱性很强的经济林树种,在黄河中游黄土高原枣区,遇到干旱年份,粮食作物严重减产甚至绝收的情况下,而枣树一般小旱不减产,大旱也有一定收成,可谓抗旱先锋树种,枣农称枣树为"铁杆庄稼"。枣树虽然抗旱性能力

表 5-3　各种肥料施后当年利用率

肥料种类	当年利用率(%)	备注
各种圈肥	20~30	资料来源:《农业科技常用数据手册》
人粪肥	40~60	
鲜绿肥	30	
草木灰	30~40	
尿素	60	
过磷酸钙	25	
氯化钾	20	

很强,但水仍是枣树生产不可缺少的物质,水分不足对枣树生长和结果有较大影响。北方山地枣树,大部分没有灌溉条件,枣树主要是靠自然降水,由于降水量较少,分布又不均匀,主要集中在 7、8、9 三个月份,加之水土流失严重,导致枣树产量、质量都受到影响,枣树的生产能力不能充分发挥,在一定程度上制约着枣树的健康发展。实践证明,水地枣园适时、适量灌水,旱地枣树因地制宜做好水土保持,是枣树高产、优质和高效的重要措施之一。山西省临县克虎镇庞家庄村,地处黄河岸边黄土高原区,全村有 92.8 公顷旱地枣树,主要品种为木枣,常年鲜枣产量为 15 万千克。2000 年政府投资引入黄河水上山,给枣树全年浇水三次,当年鲜枣产量达 30 万千克,比往年翻了一番,单果重比未浇水的对照增加了一倍,枣的市场售价提高了两倍以上。

(一)枣园灌水

水地枣园根据枣树生育规律,一般每年在萌芽期、开花期、果实生育期和土壤封冻前灌水 4 次。枣树花期长、花量大,物候期与枝、叶生长重叠,对水分需求量大。实践证明,枣树花期灌水是一项重要的增产措施。根据新疆阿克苏地区实验林场和林科所试验,砂土地的赞新大枣,对照(不灌水)果吊比 0.85,花期灌水比对照提高 124.71%。灌水大多数采用顺树行漫灌,这种灌水方法水源浪费较大,若土地不平,灌水不匀。为了节约用水,有条件的枣园,可采用滴灌和喷灌。每次灌水以能渗透到土壤 60 厘米根系主要分布层为宜。枣园灌溉用水不能用工业和生活排放的废水,以防污水对枣树污染。

(二)水土保持

北方丘陵山区大部为旱地枣树,要做好水土保持工作,水土保持形式常用的有以下几种:

1. 打水窖蓄积雨水

北方丘陵山区降水量偏少,水源缺乏,而且雨量分布不均匀。如何把有限的天然雨水充分利用起来供枣树生长和结果所需是北方干旱少雨地区枣树管理中的一个重要问题。位于黄河中游西岸的陕西省佳县是陕西省和全国重点产枣县之一,全县常年可产鲜枣3500万千克,1997~2000年连年干旱,1999年全县粮食因干旱减产85%以上,旱地粮食基本绝收。连年干旱使枣树的生长和结果也受到一定影响。1998年该县在国家科技部VNDP科技扶贫项目办的重视和支持下,连续3年在全县重点枣产区,共修建了800多个蓄水窖,每个蓄水窖蓄水量一般为30~50立方米,峪口乡小页岭村是一个仅有60多户的小村,1998~2000年修建了195个蓄水窖,户均3个,全村20公顷枣树有13公顷枣树全年用蓄水窖蓄积的雨水浇灌4次。据示范户李涛生介绍,天旱年份,枣树浇与不浇,产量相差1倍。据1999年调查,浇过水的枣树,鲜枣平均单果重10.75克,品种为木枣。相邻品种和树龄相同的未浇水的枣树,鲜枣平均单果重仅4.84克,相差1倍还多。

2. 修建鱼鳞坑

丘陵山区零散生长的枣树,根据枣树分布情况,因地制宜修建鱼鳞坑。即在树干下方,修建半圆形的拦水埂,形似鱼鳞,故称鱼鳞坑,拦水埂一般高50厘米,宽40厘米,鱼鳞坑大小因坡度和树体大小而异。树体较大的枣树,鱼鳞坑直径为2米左右,树体较小的枣树,鱼鳞坑直径为1.2米左右。坡度小的坑宜大,坡度大的坑宜小。鱼鳞坑可拦蓄上方坡面和树冠上的雨水,供枣树吸收,并可防止和减轻水土流失。每逢下雨后,鱼鳞坑内要及时松土保墒,鱼鳞坑内淤积的多余泥土要及时进行清理,并要对鱼鳞坑地埂进行检查和修整。

3. 生物覆盖

枣树生长期内,在树行和树盘内覆盖20厘米左右厚的作物秸秆和杂草,其上少许碎土压住,可减少土壤水分蒸发,防止水土流失,抑制杂草生长,调节土壤温湿度,改善土壤结构,提高土壤肥力,有利于促进枣树的良好生育,符合枣树无公害栽培要求。这项措施方法简便,效果良好,可普遍推广。

4. 地膜覆盖

旱地枣树,春、夏季树冠下土壤平整松土后覆盖地膜,可减少和防止土壤水分蒸发,保持土壤墒情,提高土壤温度和含水量,还可防止土壤中越冬害虫出土,从而减轻危害。有关资料报道,春夏覆盖地膜,土壤含水量比对照提高9.8%;夏季覆盖地膜,土壤含水量比对照提高3.1%。同时可抑制杂草生长。

第二节 整形修剪

整形修剪是枣树栽培管理中的一项重要技术措施,是否进行整形修剪和整形修剪是否合理,对枣树生长结果、栽培效益都有较大影响。通过整形修剪使枣树形成牢固的骨架,培养良好的丰产树形,为早果早丰、高产、稳产、优质和高效创造良好的条件,奠定良好的基础,以充分发挥枣树的生产能力,提高枣树的生产效益。枣树物候期重叠,其花量多少也与品种和栽培条件有关。一般管理条件下,大部分品种每吊着花 40~70 朵,每花序着花 4~8 朵,以中部着花数量多,两端着花量少,枣吊上部花芽分化不充实,花蕾质量差,多自行脱落。当年生枣头上的花比多年生枣股枣吊上的花开花晚。

一、主要存在问题

(一)任其自然生长

20 世纪 80 年代之前,大部分枣农不了解枣树生长结果习性,不重视枣树的整形修剪,枣树栽植或根蘖苗萌生后任其自然生长,生长较弱,栽培效益不高。至今仍有不少枣树不进行修剪,任其自然生长,结果很少,质量很差,效益低下。也有些枣区枣树进行整形修剪,但很粗放,只是在夏季疏除一些树冠内膛的徒长枝。

(二)整形修剪不到位

20 世纪 80 年代以来,随着枣树的发展,大部枣区在科研单位科技人员的技术指导下,对枣树进行整形修剪,并逐步摸索出一套整形修剪的技术。但主要是对新发展的枣树进行整形修剪,对原有的枣树大部分不进行修剪。有的枣农整形修剪技术掌握不好,导致主干、树冠偏高,枣头短剪多,主芽萌发多,营养生长势强,骨干枝角度小,留枝多,树势不开张,枣树结果迟,进入盛果期晚,产量较低,质量也差,栽培效益不高。

(三)整形修剪开展不平衡

整形修剪好的枣树,栽植后 4 年树冠基本培养成形,有的品种已进入盛果期,每 667 平方米可产鲜枣 500 千克左右,有的高达 1000 千克以上。而整形修剪不好的枣树,栽植后 7~8 年树都不成形,产量也很低,每 667 平方米鲜枣产量不到 100 千克,与整形修剪好的枣树相比差异很大。

二、整形修剪的原则

(一)符合枣树的生物学特性

在自然生长情况下,枣树的生物学年龄一般分生长期、生长结果期、结果期、结果更新期和衰老期 5 个时期。枣树整形修剪,应依照枣树的生物学年龄,采取相应的技术措施。幼龄枣树以培养树体骨架和丰产树形为主,使枣树早成形、早丰产。成龄大树以调节生长和结果的关系为主,要控制枣头过多萌发,枝条不宜过密,树体通风透光良好,叶片光合效率高,光合产物多,树体保持中庸偏强状态,结实力强的枝组,要占到适当比例,尽量延长盛果期年限。

老龄枣树要适时更新复壮,以提高枣树的结果能力,延长枣树的寿命和结果年限。

(二)长短兼顾,轻重结合

枣树栽培效益的高低,除与土肥水管理、病虫害防治等因素有关外,与整形修剪也有很大的关系。枣树整形修剪应掌握长短兼顾、轻重结合的原则。把培养丰产树形和提早结果,早期丰产很好地结合起来。在枣树生产中,有些枣农和枣树经营者,只考虑眼前利益,为了使幼树早结果,采取急功近利的手段,对于干径不到3厘米的2~3年生小枣树也进行环剥,当年的产量虽然明显提高了,但树势却严重地削弱了,果实品质也下降了,由于坐果率明显提高,树体营养不足,枣果后期萎蔫现象严重。山西省运城市某县枣树经营者有20多公顷冬枣,请外省冬枣区技术人员进行技术指导,对只有2年生的小枣树就进行环剥,当年坐果率很高,但由于树体营养不足,有1/3的果实着色前白熟期就萎蔫变软了,正常成熟枣果,每千克批发价10元以上,萎蔫变软的枣果,每千克1元都处理不了,而且树势2~3年都恢复不了。枣树是生命周期很长的树种,栽培枣树要长短兼顾,在不影响树体正常生育的情况下提早结果,不能急功近利,因小失大,上述事例是一个深刻的教训,值得引起足够的重视。

(三)均衡树势,主从分明

新栽的枣树,根据枣树生长情况,采取相应的技术措施,培养理想的丰产树形。整形修剪时,要注意各类枝条的均衡发展,防止枝条过强或过弱,树体上强下弱或下强上弱,一边强一边弱等现象出现。要明确各类枝条的从属关系,主枝要强于侧枝,骨干枝要强于辅养枝和结果枝组,同层骨干枝生长势要基本平衡,如若生长不平衡要及时进行调整,辅养枝和骨干枝生长发生矛盾时,辅养枝要给骨干枝让路,主从关系要分明。

(四)冬剪和夏剪相结合

冬剪即休眠期修剪,夏剪即生长期修剪。枣树生产中,有的枣农重视冬剪,忽视夏剪,只进行冬剪,不进行夏剪。实践证明,枣树冬剪和夏剪对枣树生长和结果都有良好的效果,而且夏剪比冬剪更重要。在冬剪的基础上进行夏剪,可有效的调节树体当年营养状况,改善树体通风透光条件,提高叶片光合效率,促进花芽分化和开花坐果,减轻枣锈病等病害危害,减少来年枣树冬剪工作量,有利于提高枣树的产量和质量。

(五)因树修剪,随枝作形

不论是幼龄,还是成龄和老龄枣树,都要根据枣树原有生长基础合理进行整形修剪,坚持因树修剪,随枝作形的原则,不宜强求树形。树冠过高的要适当落头降冠,枝条过密的要适当疏除,树姿过于直立的要适当开张角度,枝条生长过长的要适当进行回缩,枝条冗长下垂的适当回缩抬高枝位。通过上述措施,可有效调节树体营养状况,改善树体通风透光,促进枣树的生长和结果,明显提高枣树的生产能力和栽培效益。

三、整形修剪的方法

(一)幼树定干整形

1. 定　干

枣树定干高低,因品种、生态条件和栽培方式等而异。干性较强,树姿较直立的品种,一般平原干高55厘米左右,丘陵山区45厘米左右为宜。干性较弱,树姿较开张的品种,一般平原干高65厘米左右,丘陵山区55厘米左右为宜,枣粮间作、四旁和庭院栽植的枣树,定干宜稍高,一般干高100厘米左右。在品种、生态条件和栽培方式基本相同的情况下,管理条件好的枣树定干可稍高。

2. 整　形

20世纪70年代之前,我国不少枣区的枣农都没有枣树整形的习惯,枣树栽植后任其自然生长,小树生长慢,大树树形乱,栽后4~5年枣树还是一根打枣杆,大树多为乱头形。20世纪80年代以来,枣树发展力度逐步加大,新栽的枣树多采用密植栽培模式,对枣树整形也逐渐引起了重视,并提出比较适用的枣树整形技术。目前各枣区常用的树形有主干疏层形、自然开心形、小冠疏层形、自由纺锤形和单轴主干形等,下面主要介绍3种。

(1)主干疏层形。其树体结构是:干高55厘米左右(平地),树高为行距的80%左右,主枝6~7个,分3~4层排列。第一层3个主枝,均匀分布在3个方向,主枝基角50°~60°,层内距20~25厘米。第二层2个主枝,与第一层主枝插空分布,1、2层主枝层间距80~100厘米,层内距15厘米左右,基角45°~50°,第2、3层主枝层间距60~70厘米,第3、4层主枝各培养1个侧枝,第1侧枝距中心主干50厘米左右,第2侧枝与第1侧枝反向,枝间距30~40厘米,第3侧枝与第1侧枝同向,距第2侧枝40厘米左右,2层主枝培养2个侧枝,左右排列,第1侧枝距中心干45厘米左右,第2侧枝距第1侧枝30~40厘米,第3层主枝配备1个侧枝,距中心干40厘米左右,3层以上落头,一般不留第4层主枝。在正常情况下,4~5年树体骨架可基本形成。主干疏层形的主要优点是:树体骨架牢固,通风透光良好,负载力强,一般不用支柱,是目前枣树主要采用的树形之一。

(2)自然开心形。其树体结构是:干高60厘米左右,树高小于行距,约为行距的80%左右,无中心主枝,在主干上选留3~4个(多为3个)生长势较均匀的主枝,分别向3个方向延伸,主枝基角为60°~70°。第1侧枝距主干50厘米左右,第2侧枝在第1侧枝反向,枝间距30~40厘米,第3侧枝与第1侧枝同向,距第2侧枝45厘米左右。在主枝和侧枝上,根据空间大小,配备和培养大中小型结果枝组,空间大的配备大枝组,空间小的配备小枝组,侧枝和主枝背上不留大枝组。开心形树形的主要优点是:树姿开张,通风透光好,管理较方便。正常情况下,4~5年树体骨架可基本形成。

(3)小冠疏层形:树体结构与主干疏层形相近,其主要优点是:树体较小,骨架牢固,枝条紧凑,管理方便,通风透光好,适宜密植枣园采用。小冠疏层形有主枝5个,一般分为2层,第1层3个主枝,第2层2个主枝,主枝数、层间距、层内距与主枝角度,比主干疏层形较少和较小。株行距2米×3米和3米×4米的密植枣园,多采用这种树形。

(二)大树修剪

1. 疏 剪

疏剪也叫疏枝,就是将密挤枝、枯死枝、病虫枝、细弱枝、重叠枝、交叉枝和无用的徒长枝等从基部疏除,以减少营养的消耗,改善通风透光条件,提高光合效能,减轻枣锈病等病害,从而提高产量和质量。疏剪要求伤口平滑,不留残桩,以利于愈合。疏枝时,细枝条用修枝剪,较粗的枝条需用手锯,伤口较大时要涂抹油漆,以防伤口龟裂失水而影响愈合。

2. 短 剪

短剪也叫短截,是将1年生枣头剪去一部分。为了促生分枝,培养树形,扩大树冠,同时把剪口下二次枝留1厘米左右剪掉,以刺激二次枝基部主芽萌发枣头,如不剪掉二次枝,主芽一般不萌发而变为隐芽,短剪程度视枣头生长强弱而定,一般剪除枝条的1/3左右,枣头如不短剪,只是顶端主芽萌发形成单轴延伸,不利于树形的培养和树冠的扩大。

3. 回 缩

回缩也叫缩剪,是将生长衰弱,冗长下垂,相互交叉和连接影响骨干枝生长的枝条,在适当部位短截回缩,以复壮树势。回缩多用于老龄枣树和成龄大树,通过回缩可调整枝位和枝龄,并控制树冠的大小,改善通风透光条件,并便于管理。

4. 平衡树势

结果初期的幼龄枣树,枣头生长势较强,而且不同部位的骨干枝之间、骨干枝和辅养枝之间,常出现生长势不平衡的现象。据此,应视各类枝条具体生长情况,采取疏枝、回缩、开张角度、环剥、环割和绞缢等多种方法调节其生长势,使各类枝条生长势基本平衡,并保持各类枝条之间的从属关系。

5. 培养更新结果枝组

骨干枝和辅养枝上萌生的枣头根据空间大小,采取短截、回缩和刻芽补空的方法培养不同大小的结果枝组。大型结果枝组主要分布在树冠中下部主枝和辅养枝两侧空间较大的部位;中小枝组多分布在树冠中上部骨干枝和下部主枝的侧枝和辅养枝上。在骨干枝和辅养枝的背上不能留大型枝组,只留中小型枝组,并以小型枝组为主,以利通风透光。枣树结实能力除与品种、生态环境、管理水平等因素有关外,与枝龄也有关系,不同枝龄结实能力有很大差异。枣股是枣树结果母枝,枣股寿命长达20年以上。据观察,大部分品种以2~3年枣股坐果率高,结实力强;4年以上枣股结实力明显下降。当年生枣头以营养生长为主,开花晚,坐果迟,结果少,果实生长期短,果实小,品种差。枣头适时摘心,可明显提高坐果率和果实品质。因此,结果枝组要合理进行更新,使结实力强的枝条保持一定的比例,才能保证枣树的高产、稳产。

6. 抹　芽

枣树萌芽时期,对各类枝条的萌芽,要分别进行处理,将多余萌芽及时抹除,以减少营养的无效消耗,促进植株的正常生长和结果,改善通风透光条件,减少夏季修剪的工作量,并可减轻枣锈病的危害。

7. 枣头摘心

枣树生长期间,当年生枣头和二次枝适时进行摘心,可有效控制枣头的生长和密植枣园树冠的大小,有效地调节树体营养,明显提高枣头的坐果率和果实品质。同时可改善树体通风透光条件,提高叶片光合效率。枣头摘心程度依生长部位和生长强弱而定,空间较大、生长势较强的枣头一般留5~6个二次枝摘心;空间较小,生长势中庸的枣头,留3~4个二次枝摘心;空间小,生长势弱的枣头,留1~2个二次枝摘心,或在枣头基部留5~7厘米强摘一心,促使基部枣吊转化为木质化或半木质化枣吊结果,木质化和半木质化枣吊坐果率很高,而且果实较大。枣头摘心的同时,对二次枝、木质化和半木质化枣吊也要适时摘心。木质化和半木质化枣吊坐果过多时,还需要进行疏果,以提高枣果质量。有的枣农把利用木质化和半木质化枣吊结果作为密植枣园早果丰产的一项重要技术措施,并取得较好的效果。北方枣区,枣头摘心一般在5月下旬至6月上旬始花期和初花期进行,此时枣头和枣吊还未完全停止生长,由于各器官物候期重叠,营养竞争激烈,往往由于营养不足导致严重落花落果,这是枣树坐果率低的内在因素之一,此时进行枣头和二次枝摘心,可减少营养的消耗,调节树体营养的分配,将枣头和二次枝摘心后结余的营养供给开花坐果,可明显提高坐果率。实践证明,枣头、二次枝和木质化、半木质化枣吊适时进行摘心是一项简而易行、行之有效的提高枣树产量和品质的技术措施。

8. 放任树的修剪

有的枣树栽植后从未进行过修剪,任其放任生长,导致大枝过多,主从不分,没有树形,树冠紊乱,枝条过密,生长细弱,病虫害严重,通风透光不良,结果很少,品质很差,效益低下或没有效益。对放任树的修剪,要根据植株生长情况,疏除过多的密生枝、细弱枝、病虫枝、枯死枝、交叉枝和重叠枝、回缩冗长枝;对生长直立的枝条开张角度;树冠过高的要落头降冠;枝条光秃部位,可采取刻芽补空,刺激隐芽萌发,根据空间大小,培养成大中小型结果枝组,以弥补缺枝空间。刻芽时期以萌芽期为宜。对放任树既要进行冬剪,也要进行夏剪,采取冬剪和夏剪相结合的措施,才能取得好的效果。

(三) 老树更新

枣树主芽自然生长情况下,一般只有顶端主芽萌发形成枣头单轴延伸,其余主芽大部不萌发变成潜伏隐芽,隐芽寿命很长,受到刺激易萌发枣头,这是枣树长寿和更新复壮的生物学基础。枣树枝条分枣头、枣股和枣吊,枣头是扩大树冠发育枝,枣股是短缩性的结果母枝,枣吊是脱落性的结果枝。枣股寿命长达20年以上,枣股主要生长在二次枝上,其结实能力除与品种、管理条件等有关外,与枣股年龄也有很大关系。2~3年生枝,处于树冠外围,光照充足,枝条生理功能旺盛,生长充实,结实能力强。随着树龄的增长,枝条逐渐老化,部分枝条出现枯死现象,树冠逐渐缩小,产量逐年下降。有些老枣树,枝条大量死亡,树冠残缺不全,有效枣股很少,产量很低,效益很差。依据枣树生物学特性和树势具体情况,进行更新复壮,刺激隐芽萌生枣头,选留生长势强和方位适宜的枣头,培养新的树冠,使树体复壮,可显著提高结实力,一般更新后3~5年,即可获得较高的产量。如果加强以土、肥、水为主的综合管理,丰产效果更加明显。老枣树更新修剪方法如下:

1. **适度回缩骨干枝和辅养枝**

枣树萌芽前,根据树势情况对骨干枝和辅养枝进行不同程度的回缩。树势开始转弱、部分枝条出现枯死、有效枣股减少、产量明显下降的老枣树,进行轻度更新,一般回缩枝条的1/4~1/3。对结果枝组也同时进行回缩。剪锯口要及时涂抹油漆,防止蒸发失水和伤口龟裂。树势明显衰弱,树冠上部枝条大量死亡,有效枣股大量减少,产量严重下降的老枣树,进行中度更新,一般回缩枝条的1/3~1/2。树势极度衰弱,枝条大部分死亡,树冠残缺不全,有效枣股不多,产量很低的老枣树,进行重度更新,一般回缩枝条的1/2~2/3。对极度衰弱的老枣树可进行极重更新,回缩到骨干枝和辅养枝的基部。

2. **选留和培养新枣头**

老枣树枝条回缩后,剪锯口下部的潜伏隐芽萌生出很多枣头,当枣头长到10厘米左右时,对长势强、方位好的枣头,选留3~4个做骨干枝培养,其余的枣头,有空间的,根据空间大小,留作辅养枝和结果枝组,无用的枣头及时去除。在生长期间要多次进行抹芽,以防营养的消耗,改善通风透光条件,促进所留枣头的正常生长。7~8月份新生枣头长到80厘米左右时进行摘心,以使枣头生长充实,以后按正常要求进行修剪。

老枣树更新,以一次完成为好。一次完成更新,枣头萌发多,有利于骨干枝的选留和培养,树相整齐,树冠成形快,投产早;如果分次更新,枣头生长弱,生长不整齐,树冠成形慢,产量恢复晚,管理也不方便。老枣树更新,还要与土、肥、水管理,病虫害防治,叶面喷肥等措施结合起来,则效果更为明显。

第三节 花期管理

一、花期管理的重要性

枣树花芽是当年分化的。随着枣芽的萌发,枣头和枣吊的生长开始分化,具有随生长,随分化,多次分化的特征。营养条件与花芽分化、花芽形成、花芽的数量和质量有密切关系。花芽分化期间,树体营养状况良好,可促进花芽分化,增加花芽数量,提高花芽质量,有效的提高坐果率。若营养状况不良,满足不了花芽分化、花器官发育与开花坐果对营养的需求,则花芽分化不良,花芽数量少,质量差,花器官发育不完全,花蕾瘦小,形成僵蕾,变黄枯干,提早脱落,即使有的花蕾开了花,也坐不住果。

枣树是多花树种,花量多少与品种、树体营养水平和枝条年龄等因素有关。据调查,大部分品种一个多年生枣股枣吊上有单花40~70朵,有的超过100朵,少的30朵左右。枣吊每节上着生1个花序,为二歧肩聚伞花序,萌芽后随枣吊生长,花序自枣吊基部逐节向上着生。在生长初期,枣吊基部形成的花芽因内在因素和外在因素的影响,叶片小,光合效能低,光合产物少,花芽数量少,形不成二歧肩聚伞花序,一般仅有1~3朵花,有的形不成花芽。在枣吊中上部,气温逐渐提高,形成的叶片大,光合效能高,光合产物多,花芽分化好,形成花量多,质量也好,花器官发育较完全,坐果率较高。枣吊生长后期,枣吊上部形成的花芽因前期已消耗了大量营养,因而营养状况较差,致使花芽分化不良,花芽数量逐节减少,质量逐节下降,花器官发育不完全,多数不开花的花蕾即自行脱落。

枣吊基部花芽形成早,开花早。枣吊中上部二歧肩聚伞花序由零级花(中心花)和边花组成。枣花分0级、1级、2级和多级。零级花发育较充实,开花早,枣农称为头蓬花,依次1级、2级开放,3级以下为多级花,因营养状况关系,一般很少坐果,有的花蕾不开花便自行脱落。枣树单花寿命较短,从蕾裂至枯萎仅2天左右,枣花开放时间因品种而异,分昼开型和夜开型两类。昼开型和夜开型的品种,都在白天授粉,昼开型品种多在下午散粉,夜开型品种在上午散粉,大部分品种都能自花授粉。

枣树单花寿命虽较短,但花芽随枣吊生长而分化,所以花期很长,大部分品种花期50天左右,有的品种花期长达60天以上。在北方枣区,5月中旬始花,到7月下旬树上还可看到枣花。枣花开放与天气有关,开花期间遇雨天气,气温下降,达不到开花所需温度条件,则开花时间延伸,对授粉和坐果有不利影响。

枣树开花期,花芽分化,枝叶生长,开花坐果和幼果生长,在同一时期进行,物候期重叠,各器官营养竞争激烈,这是枣树落花落果严重,坐果率不高的内在因素。一般管理水平的枣树,大果型品种自然坐果率仅 0.5% 左右,小果型品种自然坐果率在 1%~1.5%。为保证花芽正常分化,枝叶正常生长,减轻落花落果,提高坐果率,获得较高产量和经济效益,必须重视花期管理,满足各器官的营养需求是十分重要的。

20 世纪 50 年代初期到 70 年代末,河北农业大学以中国枣业界最有名望的曲泽洲教授为首的枣课题组人员,对枣树生物学特性,枣花芽分化,进行了多年的研究,并将多年观察研究的结果编写了多篇论文,发表在有关学报和刊物上,供全国枣业界科技人员学习和参考。通过学习,对枣花芽分化,枣开花生物学特性有了一定的认识和提高。中国林业科学研究院林业研究所,河北、山东、山西省果树研究所及山西省交城县林科所等科研单位,对枣树花期管理,提高坐果率进行了多项试验,并取得明显效果。其研究成果在全国不少枣区进行了推广,对提高枣树坐果率,提高枣树产量和栽培效益起到了积极的作用。

但是,还有相当多的枣农对枣树花期管理的重要性认识不足,花期提高坐果率的技术措施普及推广应用还不够。枣树花期不加任何管理,任其自然,其后果是树体营养不足,花芽分化不良,落花落果严重,坐果率不高,枣树应有的生产能力未能正常发挥出来。

二、花期管理技术措施

实践证明,花期枣头摘心,枣园放蜂,环剥和环割,灌水和喷水,喷施生长调节剂和微肥等技术措施,可有效调节花期营养状况,促进花芽正常分化,减轻落花落果,明显提高坐果率,保证当年产量。

(一) 枣头摘心

枣树始花期,当年萌生的枣头和枣头上的二次枝,适时进行不同程度的摘心,可有效控制枣头的营养生长,调节树体的营养分配,减少营养的消耗,把枣头生长消耗的营养转向生殖生长,从而促进花芽分化和花器发育,减少落蕾、落花和落果,有效提高坐果率和当年产量。幼龄枣树可提早结果,早期丰产,达到以果压树的控冠效果,延长密植枣园栽培年限,同时可减轻病害和冻害的发生。

枣头摘心时期,因各地气候不同而异。一般在开花始期和初花期,北方枣区宜在 5 月下旬至 6 月上旬进行。枣头摘心程度因枣头生长强弱和生长部位而定。生长势较强,空间较大的枣头,一般留 5~6 个二次枝摘心;生长中庸,空间较小的枣头,一般留 3~4 个二次枝摘心;生长弱或较弱,空间小的枣头,可留 1~2 个二次枝摘心;无生长空间的枣头,不论生长强弱都不留二次枝,可在枣头基部留 5~7 厘米及早进行强摘心,可使基部枣吊转化成木质化和半木质化枣吊结果。

枣头除顶端摘心外,二次枝也要进行不同程度的摘心。利用和培养木质化和半木质化枣吊结果,在山西运城、临猗、太谷、榆次等枣区,枣农作为一项幼龄枣树早期丰产措施,并取得较好效果。枣头摘心提高坐果率情况调查,见表 5-4。

表 5-4 枣头摘心提高坐果率情况调查

品 种	处 理	枣头数(个)	枣吊数(个)	枣果数(个)	吊果率(个)	备 注
骏枣	摘心	5	508	105	20.67	
	对照	5	919	95	10.34	
相枣	摘心	5	104	93	89.42	
	对照	3	115	17	14.78	
婆婆枣	摘心	3	321	490	152.65	枣头摘心试验在山西农科院园艺研究所枣品种园进行,树龄 13 年生,其中骏枣为 8 年生
	对照	3	267	297	111.24	
圆铃枣	摘心	4	312	372	119.32	
	对照	3	158	99	62.66	
水枣	摘心	5	413	448	108.48	
	对照	5	157	60	38.22	
三变红	摘心	5	590	495	83.90	
	对照	5	116	34	29.31	
茶壶枣	摘心	5	108	234	216.37	
	对照	5	147	150	102.20	
郎家园 2 号	摘心	5	883	907	102.72	郎家园 2 号为不知名品种
	对照	3	147	96	65.31	

从表 5-4 中可看出,枣树始花期和初花期对枣头进行摘心处理,所有试验品种都明显地提高了坐果率。不同品种之间,提高坐果率的幅度有所差异,枣头自然坐果率高的品种提高幅度较小(如婆婆枣),枣头自然坐果率低的品种提高幅度较大(如相枣和三变红),一般枣头通过摘心处理枣吊坐果率比对照提高一倍左右。河北省赞皇县林业局对赞皇大枣进行了不同程度的摘心试验,7 个摘心处理坐果率比对照提高 1.05~9.5 倍,摘心越重效果越明显(表 5-5)。

表 5-5 中显示,枣头留 5~6 个二次枝摘心,吊果率比对照提高 1.25~1.05 倍;留 3~4 个二次枝摘心,吊果率比对照提高 3.1~2.35 倍;留 1~2 个二次枝摘

心,吊果率比对照提高 4.5~3.25 倍;枣头不留二次枝基部 5 厘米摘心,吊果率比对照提高 9.5 倍。

表 5-5 枣头不同程度摘心坐果率调查

处理	调查枣吊数(个)	总坐果数(个)	吊果率(%)	吊果率提高倍数
枣头留 5 厘米摘心	100	210	210	9.50
留 1 个二次枝摘心	180	198	110	4.50
留 2 个二次枝摘心	210	178	85	3.25
留 3 个二次枝摘心	260	213	85	3.10
留 4 个二次枝摘心	320	214	67	2.35
留 5 个二次枝摘心	410	185	45	1.25
留 6 个二次枝摘心	500	200	40	1.05
对照(不摘心)	700	140	20	0

摘心时间,视枣头生长情况而定,一般达到要求长度时即可摘心。摘心程度因树因枝而定。树冠已形成,没有发展空间的枣头要重摘心,以控制营养生长,减少营养消耗,改善通风透光。树冠基本形成,还有部分生长空间的枣头,视空间大小适当摘心。对树冠未形成的初结果树,在骨干延长枝达到要求长度时摘心,树冠内膛枣头视空间大小适当摘心。对以长树为主的幼龄枣树,骨干枝枣头达到要求长度时摘心,以扩大树冠,培养树体骨架。其余枣头,视空间情况及时疏除和适当摘心,以留作辅养枝和结果枝组,使幼树早结果,早丰产。

(二) 枣园放蜂

枣花是虫媒花,花期枣园放蜂有助于枣花授粉受精,可明显提高坐果率。

枣树是很好的蜜源植物。枣树花期长,花量大,蜜液丰富,蜜质优良。枣园花期放蜂,既能提高坐果率,又能采集花粉和酿制蜂蜜,增加枣园经济收入。放蜂地点宜选在枣园附近开阔的地方,离枣园越近越好,也可放在枣园内。所放蜂群数量视蜂源而异,一般每公顷放 2 箱。枣园放蜂期间,不能喷施农药,以免使蜜蜂中毒死亡。

山西省临猗县庙上乡梨枣主产区,2003 年以来推广了枣园花期放蜂,取得较好效果,平均每箱蜂枣树花期可采蜜 5 千克左右。枣花经过蜜蜂授粉,明显地提高了坐果率和当年的产量,而且所坐住的果发育好,枣果质量高。枣园花期放蜂,枣农和蜂农互利双赢,枣业和蜂业相互促进。实践证明,枣园花期放蜂对提高当年枣的产量、质量和经济效益,效果都很明显,值得提倡和推广。山西大部分枣区历史上就有枣树花期放蜂的传统习惯,这项技术已很普及。枣树开花期间,全国各地蜂农都带蜂群来枣园采蜜。

(三)灌水和喷水

枣花粉发芽,需要较高的空气湿度。花器官发育和开花坐果,需要较充足的水分供应。开花期间土壤水分供应不足,空气相对湿度低于50%时,花粉发芽不良,对坐果有严重影响。实践证明,枣树开花期间遇干旱和高温时,进行枣园灌水和树冠喷水,可补充花器官对水分的需要,改善枣园空气湿度,有利于花芽分化,花粉发芽,减轻焦蕾落花,可明显提高坐果率和当年产量。

北方枣区,枣树开花期间正值干旱季节,不能满足花芽分化,花粉发芽和开花坐果对土壤水分和空气相对湿度的要求,这是造成北方枣区有的年份枣树产量低的原因。具体灌水时间视花期天气情况而定,一般以在初花期和盛果期进行灌水为宜。此时开的花发育较好,枣农称之为头蓬花。头蓬花坐的果,果实生育期长,果实发育好,枣农称之为头茬枣。

枣树花期日均气温低于22℃坐果不良,日均气温高于35℃的高温天气,空气干燥,易发生焦花而影响开花坐果。树冠喷水可调节枣园小气候,提高枣园相对湿度,适当降低枣园温度,有利于花粉发芽,从而提高坐果率。喷水时间宜在18:00之后,此时气温下降,喷水后水分蒸发慢,树上保湿时间长,夜间和白天开的花,花粉已基本散完,花粉不会因喷水而被冲刷。喷水次数因花期干旱程度而定。一般年份,花期每天喷水1次,连喷3~4次,干旱年份,喷水次数可适当增加。为节省用工投资,花期喷水可与叶面喷肥、喷生长调节剂和喷药治虫结合进行。

(四)环剥和㓰枣

1. 环状剥皮

环状剥皮,有的枣区叫开甲。这项技术在我国已进行了多年,是我国不少枣农长期以来采用的一项提高枣树坐果率的重要技术措施。枣树花期各器官对营养需求的矛盾突出,严重影响坐果率和当年产量。采取环状剥皮,切断了韧皮组织,暂时阻止了叶片光合作用制造的有机营养向根系运转,使地上部有机营养相对集中供给花芽分化,花器发育和开花坐果,从而减轻落花落蕾,提高坐果率。

(1)环剥时间:环剥宜在初花期,即枣吊有30%左右的花开放时进行。此时开的花为发育充实的头蓬花,即零级和1级花,花的质量高,所坐的果实生育期长、发育好,大果率和等级枣多,商品性好。

(2)环剥方法:在环剥部位,用镰刀刮去外层粗皮,露出黄色或粉红色韧皮,用专用环剥器,按要求宽度上下切割两圈,深达木质部,取净切断的韧皮。伤口要平直,不留毛茬。环剥后伤口要及时涂抹80%敌敌畏等杀虫剂1000、1500倍液,以防害虫啃食愈伤组织。环剥宽度因树龄和树势而异。生长势较强的成龄树,环剥宽度一般为5~7毫米,以环剥后25天左右伤口愈合好为宜。环剥过窄,伤口过早愈合,起不到环剥的作用,效果不良;环剥过宽,伤口愈合过晚,前期坐果虽多,但树势易削弱,后期营养不足会导致落花落果严重,果实发育不良,甚至出现当年伤口愈合不住而造成植株或环剥枝条死亡现象。

(3)环剥部位:主要在主干上,也有在主枝和辅养枝上局部环剥。第一次环剥从主干距地面20厘米处开始,每年或隔年上移5厘米左右,接近第一主枝时,再从主干下部错开伤口重复进行。

环剥一般应在整形基本完成,树冠基本成形,树干直径10厘米以上,并加强综合管理,才能取得理想效果。老龄树、生长势弱的树和综合管理水平差的树不宜进行环剥。自然坐果率高的品种和未完成整形任务的小树一般不需要进行环剥。

2. 刿 枣

刿枣是河南省新郑市、中牟县等灰枣产区枣农采取的提高枣树坐果率的一种传统技术措施,其原理与环状剥皮相同。

具体方法是:枣树开花期,用特制的专用小斧,在树干中部自下而上砍伤韧皮组织,斧痕距2.5厘米左右,互不连接,深度以砍断韧皮部不伤木质部为宜。从盛花初期开始,每3~5天刿枣一次,共刿枣3~5次,每次3圈,上下圈伤口交错排列。每年第一次从树干离地面20厘米左右处开始,逐年上移。斧刃要水平砍入,切忌砍成斜口而使雨水侵入,引起树干腐烂。

3. 环剥的增产作用

山西省林科院和山西省林业厅经济林科曾对板枣等9个品种进行过环剥增产试验。试验结果表明,环剥对9个参试品种都有显著增产效果,但是不同品种的增产幅度有明显差异。以壶瓶枣增产幅度最大,达263.2%,其次是骏枣、屯屯枣(灵宝大枣)、板枣、官滩枣、油枣、山枣、油荷枣和中阳木枣,依次增产111.7%、82.6%、74.4%、71.9%、70.2%、64.0%、61.6%和49.5%(表5-6)。环剥增产效果对大部分品种都适用。

表5-6 不同品种环剥增产效果

品 种	试验地点	处理	株树(株)	平均株产(千克)	增产(%)	试验株树
板 枣	稷山	环剥 对照	30 30	37.2 19.15	74.4	1000
官滩枣	襄汾	环剥 对照	57 20	34.9 20.3	71.9	2000
中阳木枣	临县	环剥 对照	20 10	72.5 48.5	49.5	500

（续）

品　种	试验地点	处　理	株树（株）	平均株产（千克）	增产（%）	试验株树
油荷枣	定襄	环剥 对照	40 15	48.4 29.95	61.6	600
山枣	定襄	环剥 对照	20 15	49.6 30.25	64.0	400
壶瓶枣	太原	环剥 对照	20 10	29.6 8.15	263.2	60
屯屯枣	运城	环剥 对照	15 10	42 32	82.6	25
油枣	保德	环剥 对照	20 10	28.85 16.95	70.2	30
骏枣	平顺	环剥 对照	20 10	9.95 4.7	111.7	30

山西省吕梁地区林业局等单位1988～1990年对当地主栽品种木枣进行了幼果期环剥增产技术研究，结果看出，树龄、树势、立地条件与管理水平相同，幼果期环剥可明显提高产量（表5-7）。

表5-7　木枣幼果期环剥增产效果

年　份	处　理	数量（株）	总产量（千克）	单株产量（千克）	对比照增产（%）	比花期增产（%）
1988	幼果期环剥	15	428.3	28.6	99.0	52.9
	花期环剥	15	295.5	18.7	37.3	
	对　照	15	215.3	14.4		
1989	幼果期环剥	30	829.5	27.7	88.7	47.3
	花期环剥	30	564	18.8	28.3	
	对　照	30	439.5	14.7		
1990	幼果期环剥	1150	33350	29	80.7	
	对　照	200	3210	16.1		

为研究不同立地条件对枣树幼果期环剥效果的影响，在山坡地（旱地）、梯田地（旱地）和河滩地（水地）进行了试验，结果表明，不同立地条件，幼果期环剥均能明显提高产量（表5-8）。

表 5-8 不同立地条件幼果期环剥的增产效果

地 类	处 理	株树（株）	总产量（千克）	单株产量（千克）	比对照增产（%）	比花期增产（%）
山坡地	幼果期环剥	3	77.2	26.7	86	38.8
	花期环剥	3	55.6	18.5	34	
	对 照	3	41.5	13.8		
梯田地	幼果期环剥	6	138.1	23.2	131.2	22.7
	花期环剥	6	113.4	18.9	39.5	
	对 照	6	81.3	13.55		
河滩地	幼果期环剥	6	212	36.5	129.2	67.1
	花期环剥	6	126.9	21.2	37.2	
	对 照	6	92.5	16.4		
地 类	处 理	株树（株）	总产量（千克）	单株产量（千克）	比对照增产（%）	比花期增产（%）
山坡地	幼果期环剥	9	171	19	66.12	31
	花期环剥	9	130.8	14.5	27.2	
	对 照	9	102.9	11.43		
梯田地	幼果期环剥	6	166	27.7	82.4	62.2
	花期环剥	9	164	18.2	28	
	对 照	6	90.5	15.1		
河滩地	幼果期环剥	12	411.3	35.94	103.8	60.2
	花期环剥	12	269.2	22.43	47.2	
	对 照	12	211.6	17.83		

为了研究枣树幼果期环剥对树势和产量的影响，吕梁地区林业局等单位1988~1990年进行了连年环剥和隔年环剥试验（表5-9、表5-10）。试材为20~40年生，生长势较强的壮年树，品种为木枣。试验结果看出，连年环剥和隔年环剥均有增产效果，但对树势影响不同。连年环剥第一年增产81.9%，第二年增产77.4%，第三年增产53.8%，三年均增产70.03%，但对树势有明显的削弱现象。第一年枣头萌发数和生长量差异不大，第二年和第三年逐年明显减少，生长势明显削弱，增产效果逐年下降。隔年环剥第一年增产82.7%，第二年不环剥，仍比对照增产20.3%，第三年环剥比对照增产93.7%，三年平均增产65.57%。

表 5-9 连年环剥树势和产量的影响

年份	处理	株树（株）	枣头		产量		
			抽生数量（个）	生长量（厘米）	总量（千克）	株产（千克）	增产（%）
1988	幼果期环剥	3	46	64	69.3	231	81.9
	对照	3	51	69	38.1	12.7	
1989	幼果期环剥	3	29	44	62.2	20.4	77.4
	对照	3	42	53	34.5	11.5	
1990	幼果期环剥	3	22	41	68	22	53.8
	对照	3	40	55	42.9	14.3	

表 5-10 隔年环剥树势和产量的影响

年份	处理	株树（株）	树势		产量		
			枣头萌生数量（个）	枣头生长量（厘米）	总产量（千克）	株树（千克）	增产（%）
1988	幼果期环剥	3	57	60	69.6	23.2	82.7
	对照	3	6	69	38.1	12.7	
1989	幼果期环剥	3	38	50	41.5	13.8	20.3
	对照	3	42	53	34.5	11.5	
1990	幼果期环剥	3	40	51	831	27.7	93.7
	对照	3	40	55	42.9	14.3	

4. 环剥与刲枣注意事项

环剥和刲枣均可明显提高产量,但要注意科学实施才能取得理想效果,否则会出现不良影响。

(1)施行环剥和刲枣要加强土肥水为主的综合管理,否则效果不良。

(2)环剥和刲枣适宜在立地条件较好,树势较强,自然坐率较低的中、壮年树上进行。老龄及树势较弱的树、未完成整形的树和自然坐果率较高的品种不需要进行环剥。

(3)环剥和刲枣的技术要掌握好,伤口宽度要适宜,并要注意伤口保护,以利于愈合。

(4)为防树势削弱可采取隔年环剥。

(5)密植枣园为提早结果和早期丰产可对计划间伐和移植的临时植株适当提早环剥,对永久性植株不宜过早环剥。

(五)喷施生长调节剂和微肥

枣树花期和幼果期喷施植物生长调节剂和微量元素可减少落果,提高坐果率和当年产量,增加经济效益。以往各枣区常用的植物生长调节剂和微量元素主要有赤霉素(也称920)、叶面宝、稀土、硼酸或硼砂、萘乙酸、24-D、三十烷醇、枣丰灵、吲哚丁酸等多种。据各地试验,结果表明,喷施以上植物生长调节剂和微量元素都有一定效果。生产中常用的生长调节剂主要有以下几种。

1. 赤霉素

能刺激枣花粉发芽和子房发育,促进授粉受精是提高坐果率最稳定的一种植物生长调节剂。赤霉素对枣花较安全,使用浓度范围较广,喷施浓度较高也不会发生危害。根据各地实践情况,枣树花期喷施10~15毫升/升的赤霉素水溶液,一般可提高坐果率50%左右,有的可提高1倍以上。市场出售的赤霉素有粉剂和水剂两种,上海第十八制药厂生产的"三六"牌40%水溶性赤霉素粉剂,可直接加水溶解,1克粉剂加水50升,为10毫升/升浓度的药液;加水37.5升,为15毫升/升的药液。水溶性赤霉素使用方便,直接稀释即可喷施。加水稀释的水溶液不宜久放,应随配随用,以免降低喷施效果。赤霉素应在冷凉干燥处保存,不宜在高温潮湿处存放。

喷施赤霉素,在枣树花期均可进行,但以盛花初期为最好,此时开的花为发育较充实的零级花和1级花,开花早,坐住的果生长期长,果实大,质量好。喷施宜在9:00以前和17:00以后气温较低时进行。喷施量以叶片将近滴水为度。在赤霉素溶液中加0.3%~0.5%的尿素,效果更明显。喷后当天下雨,天晴后要及时补喷。一般喷一次即可,若喷一次坐果不良,可再喷一次。有的枣农喷施赤霉素次数过多,虽然花期坐果率很高,中、后期常因营养供给不足造成严重落果,投资增加,果实变小,品质下降,对树势也有不利影响。

枣树花期喷施赤霉素提高坐果的技术措施已在全国大部分枣区广泛应用。但是,应用这项技术要与其他管理技术结合起来,既要提高产量,又不要削弱树势和影响品质。

2. 硼酸或硼砂

硼能促进枣花粉萌发和花粉管伸长,提高授粉受精能力,促进钙和糖的吸收,并与细胞分裂、光合作用、水分和有机养分的代谢有密切关系,缺硼会导致叶绿素减退,光合作用下降,光合产物减少。

各地试验证明,枣树花期喷施0.2%或0.3%的硼肥水溶液对提高坐果率有明显效果,一般可提高坐果率20%以上,土壤缺硼的枣园效果更加明显。据山西省运城市红枣中心试验,在枣果生育期喷施硼酸肥液与0.3%~0.5%尿素或0.2%~0.3%磷酸二氢钾溶液混合喷施,成本低,效果好,并对缩果病有一定防治。

3. 稀土

稀土含有多种稀有元素,稀土元素在枣树上的应用,为提高枣树产量开辟了新途径。稀土元素对植物生长有促进作用,在枣树花期和幼果期对枣树施用稀土元素可提高坐果率(表5-11),增加单果重,同时可提高叶绿素含量,增强光合作用,提高枣果质量,增强枣树抗病虫害能力。1985年,河南省新郑市枣树研究所在主栽品种灰枣花期喷施浓度为100、300、500、700毫克/升的稀土溶液,坐果率分别为对照的113%、114%、142%、98%。试验结果表明,以300毫克/升和500毫克/升的常乐牌稀土溶液增产效果最明显。山西省稀土协会和山西省交城县红枣中心,在骏枣花期喷施500毫克/升浓度的山西省昔阳太行稀土实业有限公司生产的稀土溶液坐果率比对照提高28.8%。单果重比对照增加2.5克,而且着色好,色泽深,投资少,每667平方米投资只有2.6元。稀土喷施时间可参照赤霉素。

表5-11 喷施稀土提高枣树坐果的效果

村名	浓度 (毫克/升)	喷施时间	枣吊数 (个)	坐果数 (个)	比 值	增值 (%)
陈张	500	5月28日	331	410	1∶1.24	0.94
庄里	500	5月27日	200	249	1∶1.25	0.95
五头	500	5月27日	320	263	1∶0.82	0.62
天上	500	5月28日	332	303	1∶0.91	0.69
石坡	500	5月31日	195	154	1∶0.79	0.61
合计			1370	1379	1∶1	0.76

4. 叶面宝

叶面宝是一种新型植物生长调节剂。据有关资料介绍,叶面宝具有肥料和激素双重功效,而且使用方便安全,价格不贵,对枣树营养生长和生殖生长都有良好的促进作用。据河北昌黎果树研究所杨丰年等研究,7月中旬在盛果期的金丝小枣树上喷施8000倍、10000倍、12000倍叶面宝稀释液,叶面积和叶片厚度均比对照(喷清水)增加和提高,其中以10000倍液效果最明显(表5-12)。

叶面宝三种浓度处理产量均比对照增加,平均果重也比对照提高,其中以10000倍效果最好。每处理调查3株树,对照树平均株产鲜枣27.33千克,三种浓度处理,平均株产分别为32.13千克、32.88千克和30.12千克,分别比对照增产4.8千克、5.55千克和2.79千克。对照百果平均重423.8千克,三种浓度处理百果重分别为438.4千克、443.5千克和435.6千克,分别比对照提高3.4%、4.6%和2.7%。

表 5-12 不同浓度叶面宝溶液对枣树叶面积和叶厚度的影响

处理	叶面积(厘米)		叶片厚度(毫米)	
	300 吊增加值	比对照增加值	300 吊增加值	比对照增加值
8000 倍液	27.96	1.14	0.298	0.020
10000 倍液	29.51	2.72	0.312	0.034
12000 倍液	28.73	1.55	0.292	0.014
清水(ck)	26.86		0.278	

叶面宝不同喷施次数对果实含糖量和制干率影响试验看出,喷 1~4 次,含糖量和制干率均高于对照,而且随着喷施次数的增加而增加。对照含糖量为 65.5%,喷 1~4 次含糖量分别为 67.8%、68.3%、69.6%和 70.3%,分别比对照提高 2.3%、2.8%、4.1%和 4.8%。对照制干率为 45.6%,喷 1~4 次制干率分别为 48.2%、49.3%、50.78%和 51.9%,分别比对照提高 3.32%、3.70%、5.18%和 6.30%。

叶面宝可单独喷施,也可和尿素、磷酸二氢钾、硼肥等混合喷施。据试验,10000 倍叶面宝分别与 0.5%尿素、0.3%磷酸二氢钾和 1%多元素硼肥混合喷施,其枣吊长度、叶片厚度、吊果率和平均单株产量,均明显高于对照。

叶面宝在枣树上良好试验效果已被应用于生产实践。1989 年,河北省献县金丝小枣区推广应用叶面宝的面积为 1200 公顷,增产 90 万千克,增加收入 200 多万元。太行山区河北省阜平县婆枣区推广应用叶面宝面积 700 公顷,计 40.5 万株,株均增产 2.12 千克,增产率为 43.4%,总计增产 85.86 万千克,增加收入 212.6 万元。叶面宝在枣树试验和生产中均取得明显效果。

第四节 主要病虫害防治

一、存 在 问 题

枣树病虫害是影响枣树产量、质量和栽培效益的主要问题之一。枣树产量的高低,枣果品质好坏与经济效益大小都与病虫害有密切关系。搞好病虫害防治是枣树获得高产、优质、高效的可靠保证。危害枣树的病虫害种类很多,在全国枣区发生普遍、危害严重、对枣树生产影响较大的病害主要有枣疯病、枣锈病、缩果病和炭疽病等;主要虫害有枣尺蠖、枣黏虫、桃小食心虫、食芽象甲、绿盲蝽、山楂叶螨、枣瘿蚊、黄刺蛾、枣龟蜡蚧、大青叶蝉和棉铃虫等。在枣树生产中,病虫害防治存在的问题主要有以下几点。

(一)不重视病虫害防治

有的枣区和枣农对枣树病虫害缺乏认识,不重视病虫害防治,认为枣树结不结枣是天年,几百年生的老枣树从未刮过树皮,对病虫害不进行任何防治。致使病虫害危害很严重,产量很低,有些枣树几乎没有产量,没有效益。

(二)不重视综合防治

有的枣农只相信化学农药,不重视病虫害的综合防治,认为化学农药防治很快就能看到效果。而且选用高毒和剧毒农药,随意加大药剂浓度,导致药剂浪费,开支加大,发生药害,农药残留超标和环境污染等不良后果。

(三)不进行预测预报

有的枣区不进行预测预报,不掌握病虫害发生危害规律,凭经验和感觉进行防治。抓不住病虫害防治最佳有利时机,结果喷药次数不少,病虫害却未得到有效防治,病虫危害仍然很严重。

(四)不针对性用药

应针对不同病虫害种类选用适宜的农药进行防治,才能收到良好的防治效果。有些枣农对病虫害种类、发生规律、生活习性和危害特点、药剂的种类和性能以及主要防治对象缺乏认识,不能针对性的选用最适宜的药剂,虽也进行了防治,却未能取得良好的防治效果。

(五)有些病虫害尚无成熟的防治方法

如炭疽病,有些枣区危害很严重,如山西省交城骏枣产区,由于此病的危害,对枣树生产造成很大损失,严重挫伤了枣农的积极性,有的枣农已放弃管理,并出现了砍枣树现象。

二、枣树病虫害的综合防治

枣树病虫害防治,必须认真贯彻预防为主,综合防治的植保方针。预防为主就是采取有效措施,把病虫害控制在发生之前和初发阶段。综合防治是从农业生态观点出发,考虑生态平衡和环境不受污染,本着安全、有效、经济、简易、实用的原则,以农业防治、人工防治、生物防治、物理防治为主,尽量少用或不用化学农药,必要时可选用高效、低毒、低残留化学农药,采取多种防治措施,把病虫害控制在经济损失允许的范围内,使枣树生产取得应有的经济效益、生态效益和社会效益。综合防治主要措施有以下几个方面。

(一)农业防治

枣树生产过程中,根据各种病虫的生理、生态特征与有关农业技术因素的关系,创造有利于枣树生育而不利于病虫发生的条件,达到控制病虫发生危害的目的。

(1)增施有机肥。增施有机肥,促进枣树正常生育,提高枣树抗病虫害能力。

(2) 搞好修剪。通过修剪,改善通风透光条件,防止树冠郁闭,从而减轻病虫的发生和危害。

(3) 合理间作。合理间作,可提高枣园土地利用率和经济效益。但间作物宜选择株型矮、生育期短、不与枣树争夺水分和营养,不影响枣树通风透光,不与枣树交叉感染病虫害的作物。

(4) 调控枣园环境。枣园周边不能有工业和水源污染,不能栽植传播枣疯病叶蝉寄主植物松树、柏树和泡桐等树。有枣疯病的枣园,如周边有叶蝉寄主植物,在枣树休眠期,要对叶蝉寄主植物进行喷药预防。

(5) 秋耕枣园翻树盘。通过秋耕枣园翻树盘,将在土壤中越冬的害虫的生活环境破坏掉,并将害虫翻出地面被鸟啄食或在冬季冻死,有效减轻其危害。

(6) 地膜覆盖。早春3月上中旬,土壤中越冬害虫出土前,树行和树盘覆盖地膜,可阻挡土壤越冬害虫出土危害,并利于土壤提温保墒。

(二) 人工防治

(1) 清洁枣园。有许多病虫害在枝条、叶片、病果和杂草等寄主越冬。秋末冬初将枣园内枯枝、落叶、病果、杂草等认真清理,可有效的消灭和减轻病虫的危害。

(2) 刮树皮和涂白。枣树休眠期,枣树主干和主枝下端进行刮皮和涂白,可有效清除在树皮裂缝中隐藏的病菌和害虫,并可预防日灼、冻害和野兔危害。

(3) 束草诱杀。北方枣区,8月中下旬,在害虫潜伏越冬前,树干和主枝基部束草,可诱集多种害虫潜伏越冬。冬季取下束草烧毁可有效减轻病虫的危害。

(4) 树干涂粘虫胶。4月上旬,刮去10厘米宽黑树皮,涂抹粘虫胶,可有效阻挡绿盲蝽、枣粉蚧等害虫上树危害。

(5) 剪除病虫害枝叶。结合修剪,剪除枣龟蜡蚧、黄刺蛾、蚱蝉虫害枝叶,集中烧毁或深埋,可消灭部分虫害以减轻危害。

(6) 摘除和捡拾病虫害果。7月下旬枣果白熟期开始,定期摘除和捡拾树上和地面病虫害果,可有效防治炭疽病、桃小食心虫等病虫危害。

(7) 树干基部绑塑料布和堆土堆。3月上中旬,树干距地面20厘米处,刮掉10厘米宽树皮。绑上10厘米宽塑料布,下部堆上光滑土堆,阻止无翅的枣尺蠖爬行上树交尾产卵,并进行人工捕杀,可有效减轻枣尺蠖危害。

(三) 生物防治

生物防治包括保护天敌、使用微生物农药、利用昆虫性激素、枣园放鸡等。

1. 保护天敌

自然界枣树害虫的天敌昆虫种类很多,有许多天敌可制约枣树害虫的危害,从而调节自然的生态平衡。通过对天敌生态条件的改善,尽量选用对天敌杀伤力小的农药等途径来保护自然天敌,对害虫的发生能起到一定的抑制作用,是生物防治最基本、最重要的途径之一。

2. 使用微生物农药

用微生物农药防虫是近年来生物防治中发展较快的一个领域。微生物农药种类很多,目前在枣树上使用的微生物农药有苏云金杆菌和青虫菌等,对多种枣树害虫,特别对枣尺蠖、枣黏虫等枣树主要害虫有很强的杀伤作用。应用真菌中的白僵菌防治桃小食心虫等害虫有很好的防治效果。

3. 利用昆虫性激素

昆虫性激素是用雌虫的分泌物引诱雄成虫前来交配的一种物质。现在能人工制造昆虫性激素用以进行害虫的防治和预测预报。目前,在枣树上用的性激素主要有桃小性诱剂。

4. 枣园养鸡

白天枣园放鸡啄食害虫,可减少害虫危害,并可节省鸡饲料。此外,有许多鸟类以昆虫为食,也可减轻枣园害虫的危害。

(四)物理防治

物理防治是根据害虫的习性,采用机械的方法防治害虫。目前在枣树采用最多的是根据害虫的趋光性和趋化性设计的诱捕杀虫法。

1. 灯光诱杀

有很多害虫有趋光性,利用害虫的趋光性设计专用的灭蛾灯。挂在枣树上,一般每3公顷左右挂一个灯光灭蛾器。近年来,山西吕梁枣区普遍应用的是不用电源的太阳能灯光灭蛾器。据调查,灯光灭蛾器可诱杀多种枣树害虫,对防治枣树虫害有非常明显的效果,同时符合枣树无公害栽培的要求。

2. 烘烤诱杀

制干品种采收后,在55~70℃的烤房或烤箱,烘烤20小时左右,达到干枣含水量的标准要求。枣果高温烘烤制干可杀死枣果内桃小食心虫等害虫,从而减轻桃小食心虫等害虫的危害。同时可提高干枣的质量,缩短枣果制干时间,减少枣果自然晾晒过程中用工和腐烂损失,有利于提高枣树栽培效益,也符合枣树无公害生产要求。

(五)化学药物防治

用化学药剂防治病虫害仍是目前全国大部枣区最广泛采用的防治方法。随着人们生活水平的不断提高,对优质安全果品的需求更为迫切,绿色食品越来越被人们所重视。目前枣树病虫害防治重治疗,轻预防,过度依赖化学农药防治,盲目用药,造成病虫害抗药性增强,枣果农药残留超标。实施枣树无公害栽培,应尽量少用化学农药,对一些难以用其他方法控制的病虫害,还需用化学药剂进行防治,但要科学合理的使用农药。

(1)病虫害预测预报：要重视病虫害的预测预报，根据对病虫害的预测预报，确定药剂防治病虫害最佳时间，以取得理想的防治效果。

(2)对症用药：根据不同病虫害发生危害情况，有针对性地选用适宜的药剂种类，尽量选用高效、低毒、低残留农药，以提高防治效果，并减少农药残留。

(3)交替用药：为避免病虫害产生抗药性，降低防治效果，要交替使用农药，大部分农药连续使用三年，即需进行替换，一种农药一年内最多使用两次，不宜多次使用。

(4)掌握好浓度：使用药剂，要严格掌握好浓度，不要随意加大和减少，以免发生药害和影响防治效果。对于新农药要进行小型药效试验，通过药效试验从中选出适宜的浓度。

(5)合理混用：农药混用能防治多种病虫害，提高防治效果，节省投资。但有的农药能混用，有的农药不能混用。大部分农药不能与石硫合剂、波尔多液等碱性农药混用。有的农药虽能混用，但要随配随用，不能久放。

三、主要病害防治

(一)枣疯病

1. 危害情况

枣疯病是枣树和酸枣树的主要病害之一，在全国大部分枣区都有发生。北京密云、河北太行山区、陕西清涧、山西稷山、河南内黄、广西灌阳等枣区，枣疯病危害较严重，一般病株率达3%左右，有的枣园病株率达10%以上，个别枣园和枣区由于枣疯病危害，枣树基本被毁灭。

枣疯病的病状表现：花器返祖，花柄伸长，萼片、花瓣、雄蕊变成小叶，主芽、副芽萌发后，变成节间很短的细弱丛枝，休眠期不脱落，残留在树上。枣疯病病原为植原体，先从局部枝条发生，通过中华拟菱纹叶蝉和凹缘菱纹叶蝉等昆虫及带病接穗、带病苗木等途径进行传播。松树、柏树、泡桐树和芝麻等作物是叶蝉主要寄主和越冬场所。枣疯病枝条上基本不结果和结果很少，枣疯病枝条上结的果实呈花脸型，味苦，不能食用。

据调查，枣疯病的发生和危害，与品种、生态环境和管理条件等因素有关。山西省农业科学院果树研究所国家枣种质圃，1965年春栽植的省内51个品种，计477株，"文化大革命"(1966~1979)年期间，枣园无人管理而荒芜，病虫害十分严重，桃小食心虫虫果率高达95%以上，有26个品种发生枣疯病，占种质圃品种总数的50%以上，枣疯病树有99株，病株率高达20%以上(表5-13)。在26个感病品种中，有2个品种病株率高达80%以上，有3个品种病株率为60%~80%，有4个品种病株率为40%~60%，有7个品种病株率为20%~40%，有10个品种病株率在20%以下。全园有25个品种未发生枣疯病。由此看出，在立地条件,管理水平和树龄基本相同的情况下,不同品种之间枣疯病发生情况有明显差异。

表 5-13　山西省果树研究所国家枣种质圃枣疯病调查

品种名称	调查株数（株）	疯病株数（株）	病株率（%）	备　注
永济蛤蟆枣	15	3	20.00	1. 栽植苗木为原产地引进的根蘖苗
永济脆枣	6	0	0.00	
永济鸡蛋枣	2	0	0.00	
临猗梨枣	16	11	68.75	
圆脆枣	6	0	0.00	2. 调查日期为 1980 年 3 月份
鸡心蜜枣	11	4	36.36	
洪赵脆枣	6	0	0.00	
岩　枣	6	0	0.00	
板　枣	46	14	30.44	
临汾团枣	6	0	0.00	
尖　枣	6	0	0.00	
屯屯枣	6	0	0.00	与灵宝大枣同物异名
洪赵葫芦枣	6	1	16.67	
洪赵十月红	6	0	0.00	
洪赵小枣	6	0	0.00	
婆婆枣	33	1	3.00	
相　枣	9	0	0.00	
稷山圆枣	6	0	0.00	
柳罐枣	7	1	14.29	
长　枣	6	0	0.00	
龙　枣	6	6	100.00	
官滩枣	6	0	0.00	
襄汾圆枣	6	1	16.67	
坦曲枣	6	0	0.00	

(续)

品种名称	调查株数（株）	疯病株数（株）	病株率（%）	备注
不落酥	5	3	60.00	
襄汾木枣	6	1	16.67	
铃铃枣	7	1	14.29	
甜酸枣	6	0	0.00	
黑叶枣	7	1	14.29	
壶瓶枣	51	18	25.49	
星星枣	6	1	16.67	
太谷葫芦枣	17	6	35.29	
榆次牙枣	6	0	0.00	
沙枣	6	0	0.00	
端枣	6	0	0.00	
骏枣	36	7	19.40	
郎枣	6	0	0.00	
大枣	6	3	50.00	
清徐圆枣	3	0	0.00	
榆次团枣	6	1	16.67	
大马枣	6	0	0.00	
俊枣	6	0	0.00	
笨枣	6	3	50.00	
油枣	6	2	33.33	
当地枣	6	3	50.00	
端子枣	6	5	83.33	
美蜜枣	6	4	66.67	
中阳木枣	5	2	40.00	
针葫芦	3	1	33.33	
太谷敦敦枣	6	0	0.00	
壶瓶枣	6	0	0.00	
合计	477	99	20.76	

　　板枣、相枣、骏枣、壶瓶枣是山西四大名枣,板枣和相枣分布于山西南部运城市盐湖区和稷山县,为当地主栽品种,历史上就有枣疯病,而且较严重,骏枣分布于山西中部交城县,为当地主栽品种,原产地历史基本没有发生过枣疯病。壶瓶

枣分布于山西中部,太谷、榆次、清徐等地,历史上枣疯病发生也较少。在相枣原产地,次主栽品为婆婆枣,同一个枣区,同一个枣园,相枣枣疯病发生较严重,婆婆枣发生枣疯病却很轻。这也说明枣疯病的发生与品种有关。黄河中游晋西木枣区,佳县和清涧是陕西木枣主产区,佳县位于北部,清涧位于南部,佳县历史上基本上没有发生和极少发生过枣疯病。清涧枣疯病发生则较严重。临县、柳林、石楼是山西木枣主产区。临县位于北部,历史上基本没有发生枣疯病,而相邻的柳林和石楼位于南部,历史上即有枣疯病发生。山西枣区,太原以北历史上很少发生枣疯病,太原以南历史上就有枣疯病发生。

2. 防治方法

(1)选择抗枣疯病力强的优良品种,是预防枣疯病发生危害最积极的途经。

(2)及时认真清除枣疯病枝、病树和病苗,是预防枣疯病最有效的方法。陕西省清涧县枣区,枣疯病危害较严重。一度时期,枣疯病病株率高达3%左右,原国家科委请河北农业大学枣树中心刘孟军教授、中国林业科学院森保研究所病理室主任田国忠二位青年专家,1998~2000年,在县科技局的密切配合下,进行枣疯病防治和技术指导,建议在全县范围内认真清除枣疯病病株。2010年笔者去清涧县参加枣树会议。用了一天的时间看了很多枣园,没有发现枣疯病病树,枣疯病得到了控制。

(3)加强管理,增强树势,提高树体抗病力。实践证明,在彻底清除枣疯病株的基础上,加强枣园综合管理,可有效防治枣疯病的发生和危害。国家枣种质圃,由于多年放弃管理,枣园荒芜,枣疯病发生相当严重。1981年对枣园枣疯病进行了彻底清除,缺株及时补栽了小树,从此加强了综合管理,枣疯病基本得到控制。

(4)防治传病昆虫,切断传病途径。中华拟菱纹叶蝉和凹缘菱纹叶蝉两种昆虫,在病树和健树相互传播,在枣树生长期喷施药剂,杀死叶蝉,切断传播途径。

(5)隔离病源。选用无病苗木和接穗,不要在病树上采集接穗,以免使接穗带菌传播。枣园附近不要栽植叶蝉寄主植物松柏树和泡桐树,枣园内不要间作芝麻,如枣园内和枣园周围有叶蝉寄主植物。10月份叶蝉转移到寄主植物后至春季叶蝉往枣树上转移前,在叶蝉寄主植物松柏树上喷施杀虫剂,可有效降低叶蝉虫口基数,减轻传病危害。

(6)药物防治。河北农业大学枣树中心枣疯病课题组和中国林业科学森保所病理室枣疯病课题组,采用树干和主枝打孔输液的方法防治枣疯病,取得了良好效果。所用药剂有国产土霉素、四环素和进口土霉素,河北农大研制的祛疯1号、2号、4号、8号等,用药浓度一般1%,用药量视植株大小和病情轻重而异。施药时间,北方枣区在4月下旬至5月上旬枣树旺盛生长期为最好。1999年在太行山区阜平县，采用树干药物输液技术防治枣疯病，治愈率达82%以上。2000~2002年继续进行检测防治，病树治愈后健康保持率达87.96%。

（二）枣锈病

1. 危害情况

枣锈病是枣树叶片的主要病害，有时也危害果实。全国大部分枣区均有发生，水地枣园多雨年份枣锈病发生较严重。由于枣锈病的危害，叶片提早脱落，对当年枣果产量和质量有很大影响，有的年份，危害严重的枣园几乎绝收。而且影响光合产物的积累，树体营养贮备不足，对枣树来年的生长和结果也有不利影响。

枣锈病病原属真锈菌，栅锈菌科，属锈菌，属枣层锈菌。其症状主要表现在叶片上，发病初期，叶片背面散生淡绿小点，后逐渐变为淡灰色和黄褐色病斑，病斑突起，孢子堆借风雨传播，不断浸染。枣锈病发生的轻重与土壤水分、大气湿度、雨期早晚、降雨量多少有关。7~8月份雨期早，阴雨天气多，降雨量大，则发病早，发病重；雨期晚，雨量少，则发病晚，发病轻；天旱年份基本不发病。水地比旱地发病重，树冠郁闭，通风透光条件差的枣园发病重。发病先从枣树下部开始，逐步向上蔓延，从发病到落叶的30天左右，发病严重的年份，叶片的部分提早脱落，造成严重减产，果实品质下降，个别危害严重的枣园基本绝收。病菌主要在夏孢子的落叶中越冬，翌年环境适宜，便侵染发病。

2. 防治方法

（1）清洁枣园。秋末冬初，认真清洁枣园，将枯枝、落叶、杂草，清除干净，拿到园外集中烧毁，以消灭落叶中的越冬菌源。

（2）合理间作。枣园宜间作株型矮，与枣树共生期短，不交叉感染病虫害的作物，不宜间作高秆作物。

（3）合理密植，搞好修剪。栽培密度大的枣园，要有计划的进行间伐。郁闭的枣树，要搞好修剪，改善通风透光条件，以减轻危害。

（4）搞好预测预报。根据预测预报，准确掌握发病情况，适时进行预防，以取得理想效果。

（5）药物防治。北方枣区，一般7月上旬发病前喷1：2：200倍波尔多液，15天左右再喷一次。危害严重时，可喷25%粉锈宁1000~1500倍液，进行防治。

（三）枣缩果病

1. 危害情况

枣缩果病是枣树果实的主要病害之一，在河北、河南、山东、山西、陕西、辽宁、安徽、甘肃、新疆等枣区均有发生。20世纪80年代以来，该病在北方枣区有日趋严重之势。有关资料报道，1981年河南新郑枣区枣缩病大流行，全区350万株枣树，病株率高达95%，重病树落果满地，全区损失红枣300多万千克。

1989年辽宁锦西枣区,枣缩果病成灾,病果率达40%以上。1999~2001年,山西省运城枣区,枣缩果病大发生,使枣树生产受到很大损失。枣缩果病病源,认识尚不一致,中国林业科学院刘惠珍1982年报道为轮纹大茎点病,河南新郑枣树研究所陈胎金等1989年报道为细菌植物门,草生群,肠杆菌科,欧文氏菌属的一个新种——噬枣欧文氏菌。北京林业大学曲俭绪等1992年报道为聚生小穴壳菌。枣缩果病主要危害果实,发病初期,果实肩部或胴部出现浅黄色晕环,边缘较明显。随着果实的生长,晕环逐渐扩大成不规则的土黄色或褐色病斑,病部稍凹陷,果肉松软、味苦、不堪食用。枣缩果病病菌在病果内越冬,一般在7月中下旬至8月上中旬枣果白熟期至着色期出现病症。此期气温偏高,降雨较多,北方枣区,8月中旬至9月上旬为大部品种的着色期,是发病的高峰期。如遇连阴雨天气,枣缩果病会暴发成灾。枣缩果病与品种有关,河南新郑枣区,主栽品种灰枣易感病,次主栽品种鸡心枣抗病力强。山西运城盐湖区枣区,当地主栽品种相枣,次主栽品种婆婆枣抗病力强,引进的骏枣、壶瓶枣等品种易感病。同时,枣缩果病的发生与栽植环境因素有关,平原水地密植枣园发病重,丘陵山地枣园发病较轻。

2. 防治方法

(1) 选用抗缩果病力强的优良品种。

(2) 秋末冬初认真清洁果园,以减少侵染源。

(3) 加强枣园综合管理,增施有机肥和钾肥、增强树势,提高抗病能力。

(4) 早春枣树萌芽前,树上和树下喷施3~5度石硫合剂,花期和幼果期喷施0.3%的硼砂或硼酸液,7月下旬至8月上中旬,喷施土霉素114~210单位/毫升,或链霉素100~140单位/毫升,或80%大生M—45可湿性粉剂800倍液或75%白菌清1000倍液。

(四) 枣炭疽病

1. 危害情况

枣炭疽病,有的枣区叫烧茄子和黑斑病。在山西、山东、陕西、河北、河南、山东、新疆等枣区均有发生,以山西交城骏枣区、太谷、榆次、清徐壶瓶枣区危害严重。危害严重的枣园,病果率高达80%以上,造成严重经济损失,有的枣区已出现放弃枣树管理和砍伐枣树现象。

枣炭疽病主要危害果实,是枣树果实的主要病害之一。枣果染病后,受害处出现淡黄色斑痕,逐步发展成不规则的水渍状黄褐斑块。病斑呈圆形或椭圆形,中间凹陷,果肉味苦,不能食用。

枣炭疽病病原为真菌中半知菌亚门的胶胞炭疽菌,病菌的菌丝在果肉生长,以菌丝体在枣吊、枣股、枣头及病果内越冬,翌年分生孢子见风雨和昆虫传播。枣炭疽病发生时间与危害程度与雨期、雨量和品种等因素有关。雨期早,发病较早;雨量大,阴雨天气多,发病较重,反之则较轻。骏枣、壶瓶枣、金昌1号、虎枣等品种,抗炭疽力弱,发病较严重;婆婆枣、鸡心枣、相枣、中阳木枣等品种,抗炭疽病力强、发病较轻或不发病。

2. 防治方法

(1)清洁枣园。秋末冬初,将枣树下的枯枝、落叶、病果和残留的枣吊,认真清除,以减少传染源。

(2)加强枣园综合管理,多施有机肥和磷、钾肥,尽量少施化肥和不施化肥,以增强树势,提高抗病能力。

(3)选择抗病力强的品种,以减轻和避免枣炭疽病的发生。

(4)药剂防治。萌芽前对枣树地面和树上喷施3~5度波美石硫合剂,7~8月份幼果期和果实膨大期每半月喷一次75%白菌清800倍液,连喷两次。

四、主要虫害防治

(一)枣尺蠖

1. 危害情况

枣尺蠖(图5-1),又名枣步曲、弓腰虫、圪蛴等。在全国枣区均有发生,以北方枣区发生普遍,危害严重,是枣树叶片主要害虫之一。在大发生年份,常将枣叶全部吃光,造成二次发芽,对当年产量和品质造成较大影响。枣尺蠖已成为一种杂食性害虫,除主要危害枣树,还危害苹果、山楂、桃和杏等果树。

枣尺蠖属鳞翅目,尺蠖科。1年发生1代,以蛹在树干周围表土中越冬,以树干1米范围内分布集中。蛹为纺锤形,暗褐色,体长14~18毫米,雌蛹比雄蛹体大。成虫雌雄异型,黑灰色。雄蛾有翅能飞翔,雌蛾无翅,比雄蛾肥胖,不能飞翔,只能爬行。卵圆形或扁圆形,直径1毫米左右,初产出时为灰绿色,孵化前变为灰黑色,光滑,有光泽。幼虫灰黑色,蜕4次皮,共5龄,32~39天。1龄和5龄时间长,2、3、4龄时间短。幼虫活泼,弓腰爬行,遇震动吐丝下吊。3龄前虫体小,食量小。4龄幼虫食量增大,5龄幼虫食量最大,占幼虫期总食量的87%以上。1条幼虫一生平均食叶150片左右。老熟幼虫体长5厘米左右,沿树干下爬或吐丝下垂,入土化蛹越夏和越冬。北方枣区,3月下旬老熟幼虫开始羽

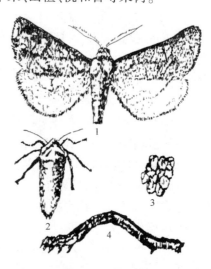

图5-1 枣尺蠖

1. 雄成虫;2. 雌成虫;3. 卵;4. 幼虫

化,羽化期不整齐。羽化后雄蛾飞到树上潜伏,等待雌蛾交尾。成虫寿命为7~15天。雌蛾羽化后爬行上树,与雄蛾交尾后当天即可产卵,卵期20天左右。每只雌蛾可产卵800~1200粒,卵多产在树皮缝中。

2. 防治方法

(1)人工防治:晚秋翻树盘,把土中的越冬蛹翻出地面,可消灭部分越冬蛹,以压低越冬蛹基数。早春刮树干基部外皮,然后绑10厘米宽的塑料布。塑料布下面培土堆,防止雌蛾爬行上树与雄蛾交尾产卵,同时可人工捕杀雌蛾。

(2)生物防治:在幼虫3龄前,喷布每毫升0.5亿~1亿的苏云金杆菌或青虫菌药液,或在枣园内养鸡啄食枣尺蠖幼虫。

(3)药剂防治:枣树发芽展叶期,大部分幼虫3龄前,喷高效、低毒、低残留农药。常用农药有25%灭幼脲3号2000~2500倍液,或2.5%溴氰菊酯2000~3000倍液。

(二)枣黏虫

1. 危害情况

枣黏虫(图5-2),又名卷叶蛾、贴叶虫、粘叶虫等。全国大部分枣区均有发生,北方枣区危害较严重,是枣树最主要害虫之一。以幼虫危害嫩芽、叶片和果实。

枣黏虫属鳞翅目,小卷叶蛾科。北方枣区,一年发生3代;南方枣区,一年发生4~5代。该虫代数多,发生量大,易蔓延成灾。大发生年代,常将枣叶全部吃光,整个枣园看不到绿色,远看漆黑一片,如同火焚一般。2014年山西吕梁市柳林县枣区枣黏虫大发生,有不少枣园几乎绝产。1957年河南新郑枣区枣黏虫暴发成灾,11万株枣树几乎绝收。不少枣区,由于枣黏虫的危害,使枣树生产受到很大损失。

图5-2 枣黏虫
1. 成虫;2. 卵;3. 幼虫

枣黏虫以蛹在树皮裂缝中越冬,蛹在树体上分布规律为:主干占70%以上,主枝占20%以上,侧枝占10%以下,以主干分布最多。蛹为纺锤形,长6~8厘米,初孵化时为黄绿色,羽化前变为黄褐色。成虫黄褐色,体长6~8毫米,翅展13~15毫米,触角丝状,复眼暗绿色。卵扁圆形,长0.6毫米左右,表面有网状花纹,初产时为黄白色,后变为黄色、棕红色。老熟幼虫12~15毫米,头部淡褐色,有黑褐色花斑,胴部为黄白色。

北方枣区,第一代卵主要产在 1~3 年生枝上,第一代幼虫在 4 月上中旬至 5 月中旬,枣树萌芽至展叶期发生,主要危害枣芽和叶片,虫期 25 天左右。老熟幼虫在卷叶内作茧化蛹。第二代幼虫在 6 月上中旬至 7 月下旬枣树花期和幼果期发生。第二代幼虫,不仅危害叶片,也危害花和幼果。虫期 20 天左右,老熟幼虫在叶内作茧化蛹。第三代幼虫(越冬代)在 8 月上旬至 9 月下旬果实白熟期至成熟期发生,虫期 30~35 天,除危害叶片外,还吐丝把叶片和果实粘在一起,啃食果皮或钻入果内取食果肉,粪便排出果外,被害果实提早变红脱落,老熟幼虫钻入树皮裂缝做茧越冬。枣黏虫孵化不整齐,世代重叠。幼虫非常活泼,能吐丝下垂,随风飘迁。枣黏虫的发生和危害程度与环境条件有关,5~7 月份阴雨天气多,天气湿热,此虫容易大发生。

2. 防治方法

(1)刮树皮、堵树洞。冬、春季节,刮树皮,堵树洞,刮皮后涂白,将刮下的树皮烧毁或深埋。采取此项措施,可基本上控制第一和第二代幼虫的危害。北方枣区,刮树皮时间宜在冬季和早春进行,即在枣树落叶后,11 月至翌年 2 月终。一般每两年进行一次,刮皮时不仅要刮主干的皮,主枝和侧枝上的皮也要刮除。刮皮程度,以掌握刮除黑皮,见到红皮,不露白皮为宜。老龄枣树树皮较厚,虫蛹潜藏也深,刮皮宜深,要刮到粉红色的活皮层。

(2)束草诱杀。北方枣区,9 月上旬第三代老熟幼虫潜伏化蛹前,在主干和主枝下部束草诱集老熟幼虫,冬季或早春取下草把烧毁,可消灭部分越冬蛹,压低枣黏虫基数,减轻枣黏虫危害。

(3)灯光诱杀。成虫具有趋光性和趋化性,从 4 月上旬开始,在枣园设置灯光灭蛾器诱杀成虫,可有效减轻枣黏虫危害。近几年,山西吕梁枣区,多采用太阳能杀虫灯,杀虫效果良好,且不用电源。

(4)药物防治。在上述人工和物理防治基础上,于 4 月末至 5 月上旬,枣树幼芽 3~5 厘米时,为第一代幼虫发生期,此时幼虫尚小,抗药性较弱,树上喷药防治效果较好。可选用农药有 25% 灭幼脲 3 号 2000 倍液,或 2.5% 溴氰菊酯 2500 倍液。

(三)桃小食心虫

1. 危害情况

桃小食心虫(图 5-3),简称桃小,又名枣蛆或钻心虫等。桃小食心虫属鳞翅目,蛀果蛾科,为世界性害虫,我国大部分枣区都有发生,北方枣区发生较严重,是枣树果实主要害虫之一。危害严重的枣园,虫果率高达 90% 以上。被害果实提早变红,过早脱落,果内堆积虫粪,不堪食用,失去利用价值,造成严重经济损失。桃小食心虫危害枣树外,也危害苹果、桃、杏、山楂等果树,是枣树果实主要害虫之一。

北方枣区,1年发生1~2代。以老熟幼虫在树干周围土壤内越冬,4~7厘米土层中分布较多,占总数的近90%。成虫灰白色,雄蛾体长5~6毫米,翅展13~15毫米。雌蛾体长7~8毫米,翅展16~18毫米。卵椭圆形,初产出时为淡红色,后逐渐变为深红色。幼虫肥胖,初龄幼虫为黄白色,老龄幼虫为桃红色,体长13~16毫米。蛹纺锤形,体长6~8毫米,羽化前为灰褐色。桃小食心虫的茧,分冬茧和夏茧两种,冬茧扁圆形,直径5毫米左右,质地较硬,老熟幼虫在体内越冬。夏茧纺锤形,质地松软,粘有土粒,幼虫在茧内化蛹。越冬幼虫在翌年6月份日均气温达20℃左

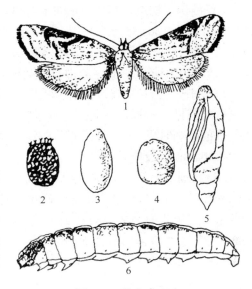

图5-3 桃小食心虫
1.成虫;2.卵;3.夏茧;4.冬茧;5.蛹;6.幼虫

右,土壤含水量达10%以上时开始出土。出土时期受雨情制约,雨期早则出土早,6~7月份,每逢下雨后,便出现幼虫出土高峰。水地枣园比旱地枣园危害严重,天旱年份出土较晚,危害较轻。成虫无趋光性和趋化性,但趋异性强,可用桃小性诱剂诱杀和测报。成虫羽化多在18:00以后,以19:00~21:00为最多。成虫有避光性,白天潜伏,夜间活动,深夜最为活泼,于23:00至次日4:00交尾产卵。卵多产在枣叶背面基部,占70%以上,小部分产在果实梗洼处,每雌蛾可产卵50粒左右,多则达200粒以上。卵期7天左右。幼虫孵化后在果面爬行30分钟至数小时后蛀果危害。一个幼虫一生只危害一果,蛀入部位以近果顶处最多,蛀果幼虫绕果核串食,将虫粪留在果内,幼虫18天左右老熟,随果落地,1~2天后脱果做茧化蛹,10天左右羽化为成虫,产卵孵化第二代幼虫蛀果危害。9月份大部分幼虫老熟,脱果入地作茧越冬,小部分随果实带入晾晒场地或烤房中。

2. 防治方法

(1)消灭越冬茧。晚秋幼虫脱果入土越冬后,深翻树盘,深10~12厘米,把树干周围表土撒扬地面,经过寒冷冬季,可冻害部分暴露在地表的虫茧,从而压低基数,减轻危害,此法简便,效果良好。

(2)树盘覆盖地膜。5月份幼虫出土前,在树干周围1米内地面覆地膜,可抑制幼虫出土、化蛹。

(3)拣拾虫果。从7月下旬开始,每4~5天拣拾一次地面落果,并集中处理,可消灭果内幼虫,从而减轻危害。

(4) 性诱剂诱杀。桃小食心虫趋异性强,用桃小性诱剂可诱杀雄成虫。从 6 月中旬开始,每 667 平方米枣园,在树冠北侧外围,距地面 1.5 米高处,挂一个桃小诱捕器,诱捕器用碗、广口罐头口、塑料盆等容器和 1 个诱芯制成。容器内盛水,诱芯用细铁丝系于容器中央,水面放少许洗衣粉,诱芯距水面 0.5~1 厘米。用桃小性诱剂,除直接诱杀雄蛾外,可测报虫情消长规律,为适时进行防治提供科学依据。诱捕器诱到第一头雄蛾时,是越冬幼虫出土盛期,是地面防治出土幼虫的有利时机,可在地面喷药防治。诱蛾高峰期后 1 周左右,为树上喷药防治桃小食心虫最佳时期。

(5) 药剂防治。根据测报,适时进行药剂防治。北方枣区,一般年份 7 月中下旬和 8 月中下旬,分别为 1、2 代幼虫的危害盛期,此时喷药,可收到较好的防治效果。常用药剂为 25%灭幼脲 3 号 2000~2500 倍液或 2.5%溴氰菊酯 2500~3000 倍液或 1.8%阿维菌素 5000~6000 倍液。

(四) 食芽象甲

1. 危害情况

食芽象甲,又名枣芽象甲(图 5-4)、枣飞象、食芽象鼻虫、小灰象甲、顶门吃、土猴等。在全国大部枣区均有发生,北方山区枣区发生较严重。以成虫危害枣芽和幼叶,发生严重时能将枣芽和幼叶全部吃光,如同休眠期一样,形成二次发芽,使生长期缩短,开花和坐果期推迟,果实变小,产量下降,品质也有影响。是北方枣区主要害虫之一。

食芽象甲属鞘翅目,象甲科。北方枣区,每年发生 1 代,以老熟幼虫在土内越冬,4 月中下旬枣树发芽时,成虫出土危害。成虫灰黑色,雄虫体长 5 毫米左右,雌虫体长 6~7 毫米。成虫有假死性,清晨和夜间不活动,白天气温高时可飞翔。成虫寿命较长,一般长达 30~40 天,最长达 60 天以上。4 月下旬至 5 月上旬交尾产卵,卵产于枣吊枝痕缝隙中,卵期 10~15 天。5 月中旬,幼虫孵化落地入土越冬,幼虫在土壤中生长发育长 10 个月左右。

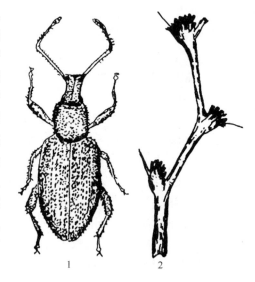

图 5-4 枣芽象甲
1. 成虫;2. 危害状

2. 防治方法

(1) 利用成虫的假死性,早晨和傍晚在树冠下铺塑料布,击枝震落成虫,集中捕灭。

(2)5月下旬,老熟幼虫下树入土时,在树干上涂20厘米宽粘虫胶,阻杀幼虫入土越冬。

(3)药物防治。食芽象甲危害期,树上喷2.5%溴氰菊酯2000倍液,或50%西维因500~800倍液。

(五)绿盲蝽

1. 危害情况

绿盲蝽(图5-5),又名绿盲蝽象、小臭虫等。绿盲蝽是北方枣区近年来危害较严重,且枣农不太注意的一种枣树害虫。该虫除危害枣树外,还寄主苹果、梨、桃、杏、樱桃等多种果树和棉花,水稻、大豆、玉米、白菜、甜菜、萝卜等多种作物与蔬菜。枣芽、枣叶、花蕾和幼果,被绿盲蝽危害后,不能正常生长发育,导致叶片失绿,皱缩和出现孔洞,花蕾停止发育,并枯死脱落,幼果受害部位出现黄斑,有的枣果逐渐萎缩而脱落。由于受绿盲蝽的危害,不仅造成枣树当年严重减产,而且对枣树来年的生长和结果也有较大影响。

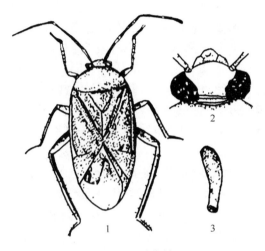

图5-5 绿盲蝽
1.成虫;2.头及前胸背板前缘;3.卵

绿盲蝽属半翅目、盲蝽科。成虫卵圆形,浅绿色,体长5毫米左右。卵香蕉形,长1.2毫米左右,黄绿色。若虫5龄,初孵若虫橘黄色,3龄可见浅绿色翅芽,5龄后变为鲜绿色。若虫和成虫以刺吸式口器危害枣树嫩芽、嫩叶、花蕾和幼果。若虫孵出后1~2分钟即可迅速爬行,多隐藏在嫩芽内,不易发现,受震动落地迅速逃跑。成虫喜阴湿环境,有趋光性,早晨和傍晚比较活跃,飞翔能力强。喷药防治时易被击落,短时不能苏醒,苏醒后短时间内不能飞翔,只能爬行转移。成虫多在夜间羽化,羽化后1~2天开始交尾产卵,卵多产在枣树嫩芽、枝条伤口和附近作物嫩芽里,每雌虫平均产卵200多粒。4月份日均气温10℃以上,相对湿度70%左右时,越冬卵开始孵化,自然孵化率达85%以上。

2. 防治方法

(1)4月上旬,越冬卵孵化前,在树干上涂抹粘虫胶,可有效阻止绿盲蝽爬行上树。

(2)春、秋刨树盘,清除枣园杂草,消灭越冬虫卵。

(3)成虫有趋光性,可在枣园设置杀虫灯诱杀成虫。

(4)枣树萌芽前,在枣树树上和树下喷3~5度石硫合剂。

(5)枣树生长季节,根据虫情测报,及时喷25%灭幼脲3号2000倍液,或6%吡虫啉2000倍液+4.5%氯氢菊酯1000倍液,防效显著。

(6)危害严重枣区,枣园内不要间作白菜、黄豆等绿盲蝽寄主作物。

(六)枣瘿蚊

1. 危害情况

枣瘿蚊(图5-6),又名枣芽蛆或卷叶蛆。全国大部分枣区均有发生,北方枣区发生较严重,除危害枣树外,也危害酸枣树。以幼虫危害枣树和酸枣树嫩叶,被害嫩叶边缘向里卷曲呈筒状,幼虫在卷叶内吸汁危害。1片叶内有几个或十几个幼虫。卷叶部位呈红紫色,质硬而脆,逐渐变成黑褐色,最后枯焦脱落,使枣吊叶片减少,对枣树生长和结果都有不利影响。

枣瘿蚊属双翅目,瘿蚊科。雌成虫橙红色或灰褐色,体长1.4~2.0毫米。复眼黑色,触角念珠状,足3对,后足较长,翅椭圆形,翅展3~4毫米。雄成虫较小,体长1~1.3毫米。卵淡红色,长约0.3毫米,有光泽。幼虫蛆状,乳白色,老熟幼虫体长1.5~2.9毫米。虫茧椭圆形,灰白色,长约2毫米,胶质,外附土粒。蛹纺锤形,长1~1.9毫米,初化蛹乳白色,后渐变为黄褐色。

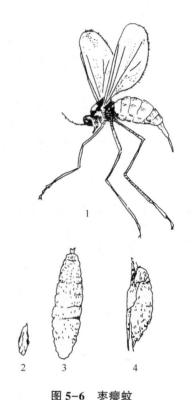

图5-6 枣瘿蚊
1. 成虫;2. 卵;3. 幼虫;4. 蛹

北方枣区,1年发生4~5代,以老熟幼虫在树下表土层做茧越冬,翌年4月中下旬枣树萌芽时,羽化为成虫,产卵于芽上。成虫寿命2天左右,每个雌虫产卵40~100粒不等,卵期5~6天。5月上中旬枣吊迅速生长期,嫩叶危害严重,幼虫期10天左右。第1代幼虫6月初脱叶入土,作茧化蛹,蛹期6~12天。6月上中旬羽化为成虫,以后世代重叠。最后1代幼虫于8月下旬至9月上旬入土做茧越冬。

2. 防治方法

(1)消灭越冬蛹。秋末冬初翻树盘,消灭部分越冬蛹,压低出口基数,减轻危害。

(2)树下覆盖地膜。4月上旬枣树萌芽前,于树下覆盖地膜,抑制成虫出土。

(3)地面喷药。4月上旬成虫羽化前,树下地面喷25%锌硫磷1000倍液,消灭羽化出土成虫。

(4)药物防治。5月上旬第一代幼虫危害盛期,树上喷25%灭幼脲3号2000倍液,或2.5%溴氰菊酯3000倍液,杀灭其幼虫,有较好的防治效果,并可兼治其他食芽、食叶害虫。

(七)山楂叶螨

1. 危害情况

山楂叶螨(图5-7),又名红蜘蛛、山楂红蜘蛛、火龙虫,为世界性害虫,在全国分布很广,大部分枣区都有发生。该虫为杂食性害虫,危害多种果树和作物,是枣树中后期叶片的主要害虫。6~8月份,天旱少雨年份发生严重。叶片被害后,提早脱落,不仅影响当年的产量和质量,而且对来年枣树的生长和结果也有较大影响。

山楂叶螨属蛛形纲蜱螨目,叶螨科。雌成虫椭圆形,分冬螨和夏螨两种。卵极小,初产出时为白色,孵化前变为橙黄色。幼虫卵圆形,初孵化时为乳白色,取食后变为淡绿色。北方枣区,一年发生8~9

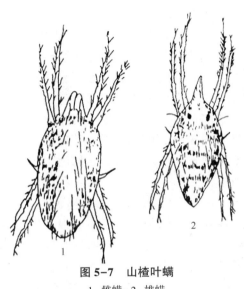

图5-7 山楂叶螨
1. 雌螨;2. 雄螨

代,以受精雌虫在树皮裂缝和树干基部附近的杂草、土块等处越冬。翌年枣树萌芽时,越冬幼虫出蛰活动,危害枣芽和幼叶。枣树展叶后,转移到叶背危害并产卵,卵期10天左右。第一代幼虫5月中下旬出现,第二代时代重叠。6月中下旬麦收后,危害逐渐加重,7~8月份危害最严重。山楂叶螨危害程度,与气象因子有关,天旱年份危害严重,多雨年份危害较轻。

2. 防治方法

(1)冬、春季刮树皮。将刮下的树皮深埋或烧毁,以消灭树皮内的越冬螨。

(2)枣树萌芽前,喷布3~5度石硫合剂,可有效消灭越冬螨,此次喷药质量好,可为全年防治奠定良好基础。

(3)8月上旬,树干上束草,诱集叶螨,冬季取下草把烧毁,消灭草把中诱集的害螨,可压低虫口基数,减轻危害。

(4)药物防治。发芽前喷波美3~5度石硫合剂,6月下旬麦收后,喷25%的灭幼脲3号2000~2500倍液,或1.8%阿维菌素乳油5000~6000倍液,或1.8%

齐螨素4000~5000倍液,或螨死净胶悬剂3000倍液。为避免害螨产生抗药性,可将上述药剂交替使用。

(八)黄刺蛾

1. 危害情况

黄刺蛾(图5-8),又名洋辣子或八角虫。在全国分布很广,大部枣区都有发生,有的枣区危害较严重。黄刺蛾为杂食性害虫,寄主很多,除危害枣树外,还危害核桃、苹果、山楂、桃、杏、李、樱桃、花椒、柑橘等果树,以及杨、柳、榆、桑等林木。以幼虫从叶背取食叶肉,把叶片吃成网状,留下叶柄和叶脉,危害严重时可把叶片全部吃光。

黄刺蛾属鳞翅目,刺蛾科。雌成虫较大,体长15~17毫米,翅展35~39毫米。雄成虫体长13~15毫米,翅展30~32毫米。头部和胸部黄色,前翅内半部黄色,外半部褐色,后翅和腹部为黄褐色。卵椭圆形,淡黄色,长1.5毫米左右。初龄幼虫黄色,老龄幼虫黄绿色,体长25毫米左右,背部有1块中间细两端粗的紫褐色斑纹。各节有4根枝刺,胸部有6根,尾部有2根较大的枝刺。茧为椭圆或卵圆形,形似麻雀蛋,长15毫米左右,质地较硬,外表灰白色,有褐色纵条纹。

该虫在北方大部分枣区,1年发生1代,以老熟幼虫在枝杈处结茧越冬。第二年5月中旬,幼虫在茧内化蛹,蛹期15天。6月中旬出现成虫,成虫寿命4~7天,有趋光性,白天在

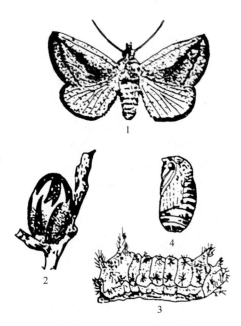

图5-8 黄刺蛾

1.成虫;2.茧;3.幼虫;4.蛹

叶背静伏,夜间活动。羽化后不久便交尾产卵,卵产于叶背,每个雌虫可产卵50~70粒。卵连片集中,半透明,卵期8天左右。初孵幼虫先群集,后分散,危害期7月中旬至8月下旬,9月上旬幼虫老熟,在枝杈处做茧越冬。南方枣区1年发生两代,5月中旬出现成虫。第1代幼虫6月中旬大量孵化危害,幼虫期30天左右。7月中旬幼虫结茧化蛹,7月下旬化为成虫。7月底第2代幼虫孵化,8月上中旬危害最盛,8月下旬幼虫结茧越冬。

2. 防治方法

(1)结合冬季修剪,剪除越冬茧。

(2)利用初孵幼虫群集习性,适时剪除幼虫群集叶片,加以消灭。

(3)利用成虫的趋光性,枣园设置杀虫灯,诱杀成虫。

(4)幼虫危害期,树上喷 25%灭幼脲 3 号 2000 倍液,或 2.5%溴氰菊酯 2000~3000 倍液,均有良好的防治效果。

(九)枣龟蜡蚧

1. 危害情况

枣龟蜡蚧(图 5-9),又名日本蜡蚧、枣龟甲蚧,俗称"树虱子"等。全国大部分枣区都有发生,部分枣区危害严重。以若虫和成虫固着在叶片和 1~2 年生枝条上刺吸汁液,并排泄黏液污染叶片和果实,枝叶被污染后呈黑色,群众称为"煤污染"病。影响光合作用,造成树势衰弱,产量下降,而且对来年枣树的生长和结果也有一定影响。枣龟蜡蚧除危害枣树外,也危害柿树、苹果、石榴和柑橘等多种果树。北方地区,以枣树和柿树发生较严重。

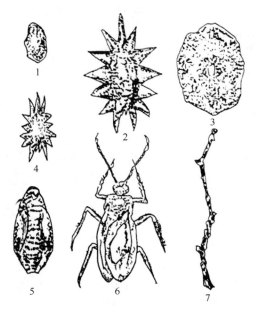

图 5-9 枣龟蜡蚧

1. 卵;2. 雄虫蜡壳;3. 若虫;4. 雌虫;
5. 雄蛹;6. 雄成虫;7. 枣枝条被害状

枣龟蜡蚧属同翅目,蜡蚧科。受精雌成虫椭圆形,体长 3 毫米左右,宽 2~2.5 毫米。外被蜡壳,灰白色,背部中间隆起,表面有甲状凹线,形似龟甲。雄成虫棕褐色,体长约 1.3 毫米。翅透明,翅展 2.2 毫米左右。卵椭圆形,长约 0.3 毫米,初产出时为淡黄色,后逐渐变为深红色,孵化前为紫红色。初孵若虫扁椭圆形,长约 5 毫米,触角为丝状,足 3 对,在叶面固定,12 小时后出现白点,随着虫体生长发育逐渐形成蜡壳。生长后期,蜡壳加厚,雌雄若虫形状可明显区分。

枣龟蜡蚧1年发生1代,以受精雌虫大部分在1~2年生枝上越冬,翌年4~5月份继续发育,虫体逐渐长大。在山西中部地区,6月上旬开始产卵,每个雌成虫可产卵1000多粒,气温23℃左右时为产卵期。卵孵化比较集中,7月上中旬为孵化盛期,7月下旬孵化基本结束。若虫孵化后,先在叶上吸汁危害,被蜡前借风传播蔓延。4~5天后,产生白色蜡壳,固着危害。8月上旬,雌雄分化,8月中旬,雄虫在壳下化蛹,蛹期15~20天。9月上旬,雄虫羽化,寿命为30天左右。雄虫有多次交尾习性,交尾后很快死亡。雌成虫从8月份开始至10月份上旬,陆续从叶片向枝上转移,固着越冬。

2. 防治方法

(1)人工防治。在枣树休眠期,结合冬季修剪,剪除虫枝。在雌成虫孵化前,可用刷子、木片或玉米芯等物刷除枝上虫体。

(2)生物农药防治。在成虫产卵期,在树上喷布青春菌或苏云金杆菌等微生物农药,进行防治。

(3)药物防治。枣树休眠期,枣龟蜡蚧危害较严重的枣园,在人工防治的基础上可喷施5%~10%柴油乳剂,7月份若虫孵化期,树上喷50%西维因500~800倍液。

(十)黑绒金龟

1. 危害情况

黑绒金龟(图5-10),别名东方金龟子、天鹅绒金龟子、黑绒鳃金龟。此虫属鞘翅目,金龟科。全国大部枣区都有发生,除危害枣树外,寄主还有苹果、梨、桃、杏、李、樱桃、柿、葡萄等多种果树,以及杨、柳、榆、桑等树和各种农作物。在枣树上主要以成虫危害嫩芽、花和叶片,常造成很大危害。

成虫体长7~8毫米,宽4.5~5.0毫米,卵圆形,黑色或黑褐色。体上布满绒毛,无光泽。卵初产时为卵圆形,乳白色,后膨大呈球状。幼虫体长14~16毫米,肛腹片复毛区布满略弯曲的刺状刚毛。蛹体长约8毫米,初时为黄色,后变为黑褐色。

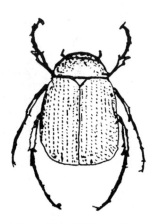

图5-10 黑绒金龟成虫

此虫一年发生一代,以成虫或幼虫在土中越冬,3月下旬至4月下旬卵开始出土,4月中旬为出土盛期,5月下旬为交尾盛期,6月上旬为产卵期,6月中旬卵大量孵化,危期为80天左右老熟、化蛹,9月下旬羽化为成虫,成虫不出土在羽化原处越冬。以幼虫越冬者,次年4月间化蛹,羽化出土。成虫于6~7月份交尾、产卵。卵孵化后在耕作层内至秋末下迁,以幼虫越冬,次春化蛹羽化成为成虫。

成虫出土活动时间与温度有关,早春气温低时活动能力差,且多在正午取食危害,很少飞行,早晚均潜伏土中。5~6月份,成虫白天潜伏,黄昏后开始出土活动,危害,并可远距离迁飞,常群集危害果树、林木,并交尾产卵。卵多产于被害植株根部附近5~10厘米土中,每堆卵8粒左右,每雌成虫平均产卵40粒左右,卵期9~10天,成虫危害期达3个月。成虫有趋光性和假死性。幼虫期76天左右,老熟幼虫入土约35厘米深做土室化蛹,蛹期19天左右。发生早的则羽化为成虫越冬,发生晚的则以幼虫越冬。

2. 防治方法

(1)利用成虫的假死性,成虫发生期于傍晚组织人力振树捕杀。

(2)利用成虫的趋光性,成虫发生期枣园设置杀虫灯,诱杀成虫。

(3)耕翻枣园,把在土壤中越冬的幼虫翻出地面捡拾喂鸡。

(4)成虫发生危害期,结合防治其他害虫,树上喷25%溴氰菊酯2000~3000倍液。

(十一)大青叶蝉

1. 危害情况

大青叶蝉(图5-11),别名大绿浮尘子、青跳蝉、柳木蚱等。全国枣区均有发生,此虫为杂食性害虫,除危害枣树外,还危害苹果、梨、桃、杏、李、樱桃、山楂、核桃、柿子等多种果树和杨、柳、榆、桑等多种植物。

大青叶蝉属目翅目,叶蝉科。成虫和幼虫均可刺吸寄主植物的枝、叶,以成虫产卵危害最为严重。秋末成虫以产卵器划破果树幼龄枝干皮层,将卵产于其中,外观形成半月形伤口,危害严重时,受害枝条伤口密布,休眠期枝条大量失水,引起抽条,严重时,导致枝条受冻死亡。大青叶蝉是果树苗木和幼树的主要害虫之一。

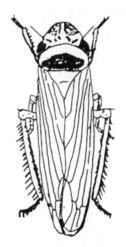

图5-11 大青叶蝉

雌成虫体长9~10毫米,雄成虫7~8毫米,身体绿色,头部橙黄色,凸出呈三角形,左右各有一个黑点。前翅绿色,末端白色,半透明,后翅及腹部背面灰黑色。卵长卵形,长约1.6毫米,中间稍弯曲,黄白色。初孵幼虫黄白色,3龄以后变为黄绿色并出现翅芽,胸腹部背面出现4条褐色纵条纹。

北方枣区1年发生3代,以卵在枝条和苗木表皮越冬。翌年4月上旬卵孵化,若虫先在附近杂草和蔬菜上危害,若虫期22~41天。第一代成虫出现在5~6月份,第二代7~8月份,第三代9~11月份。二代成虫主要危害高粱、谷子、豆荚、甘薯、花生等作物,三代成虫先危害白菜、萝卜等秋菜和小麦,10月中旬开始陆续转移到果树和林木上产卵越冬,每处产卵7~12粒,排列整齐。每个雌虫产卵30~70粒。越冬卵期5个月以上。成虫及若虫均喜跳跃,成虫有趋光性,喜欢在潮湿背风处停歇。

2. 防治方法

(1)幼龄枣园内不宜间作白菜、萝卜等晚秋蔬菜和甘薯、冬小麦等作物,以减少发生。

(2)10月上旬成虫产卵前,幼龄枣树主干和主枝上涂白或绑草把,防止产卵。

(3)利用成虫的趋光性,枣园设置杀虫灯诱杀成虫。

(4)成虫发生期,结合防治其他枣树害虫,喷施2.5%溴氰菊酯或25%灭幼脲3号2000~3000倍液进行防治。

(十二)棉铃虫

1. 危害情况

棉铃虫(图5-12),又名棉桃虫、铅心虫等。世界各地均有分布,为杂食性害虫,寄主有200多种植物,以棉花、小麦、玉米、番茄、辣椒等受害较重。1994年河北省枣区棉铃虫大发生,枣果被害后形成大孔洞而脱落,造成减产,除危害果实外,也危害嫩鞘和幼叶。目前棉铃虫已成为枣树上主要害虫之一。棉花主产区、枣棉间作园,要引起重视,注意防治。

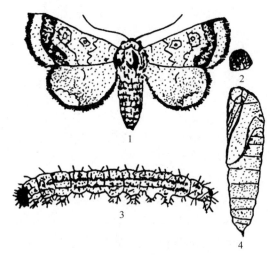

图5-12 棉铃虫
1. 成虫;2. 卵;3. 幼虫;4. 蛹

成虫体长14~18毫米,翅展30~38毫米,头、胸部及腹部青灰色,触角丝状,复眼绿色。卵半球形,直径约0.6毫米,初产卵为黄白色,孵化前为深紫色。老熟幼虫体长32~45毫米,头黄色具不规则黄褐色网状纹。体表满布褐色和灰色小刺。蛹体长17~20厘米,黄褐至赭色,腹末圆形,臀末圆形,臀棘2个,尖端微弯。

此虫发生代数因地区不同而异,辽河流域和新疆枣区1年发生3代,黄河流域1年发生4代,长江以南1年发生5~7代,均以蛹在土中越冬。越冬蛹于次年气温上升至15℃以上时开始羽化,羽化以21:00~24:00最多,越冬代成虫羽化期长40天左右,第2代以后世代明显重叠。年4代区:第1代成虫发生期为6月中下旬,6月末至7月上旬为第2代幼虫危害期。8月上旬为第3代幼虫发生期。幼虫共6龄,间或有5龄者,平均气温21℃时,幼虫历期约22天,蛹期平均10天,第1代幼虫主要危害麦类等早春作物,第2代幼虫开始危害枣树。

成虫昼伏夜出,具趋光性和趋化性,喜食糖蜜,成虫羽化多在19:00至次日凌晨2:00进行,羽化后当晚即交尾,2~3天后开始产卵,产卵期6~8天,每雌蛾产卵4粒以上,卵散产于寄主作物嫩芽、幼叶上,初孵幼虫先取食卵壳,次日危害嫩芽,幼叶,3~6龄幼虫食量大增,且有转移危害习性,转移时间多在夜间和清晨。幼虫老熟后停止取食,沿树干爬下或直接坠落地面,钻入土中,化蛹越冬。

2. 防治方法

(1)加强对枣园间作物第1代棉铃虫的防治,以降低虫数。

(2)成虫发生期,利用成虫趋光性,枣园设置杀虫灯诱杀成虫。

(3)药物防治,于幼虫蛀果前各代卵孵化期,喷施2.5%溴氰菊酯或25%灭幼脲3号2000~3000倍液进行防治。

第六章　枣果的采收、贮藏与加工

第一节　枣果的采收

一、采收时期

按照枣果皮色和肉质的变化情况，枣果成熟过程分为白熟期、脆熟期和完熟期三个阶段。枣果采收适期，因品种和用途而异。加工蜜枣品种，宜在白熟期采收。此时，果实已充分发育，果形已基本固定，果肉容易吸糖，加工的蜜枣色泽好，半透明，品质佳，鲜食和加工酒枣的枣果，宜在脆熟期（果面全红）采收。此时，枣果已充分成熟，色泽艳丽，肉质鲜脆，含糖量和维生素 C 含量高，口感好。贮藏保鲜的枣果，宜在半红期采收，此时，枣果中糖分已积累较多，维生素 C 含量高，基本上能反映出枣果品种的品质。试验证明，半红期采收的枣果，贮藏保鲜效果最好。制干品种宜在完熟期采收。此时，枣果已完全成熟，色泽好，果形饱满，干物质多，含糖量高、容易制干，制干率高，等级枣多，质量好。目前，枣果采收方面存在的主要问题是：采收过早，品质下降。临猗梨枣本属鲜食优良品种，是 20 世纪 80 年代后期至 90 年代全国范围内最早开发的鲜食优良品种，开发最早的山西省交城县林科所，每千克梨枣售价高达 30~40 元。原产区山西省临猗县，20 世纪 90 年代大力开发梨枣品种，枣园面积发展到 1.33 万公顷，年产鲜枣达 2.5 亿千克以上，进入 21 世纪以来，90%以上的梨枣在白熟期采收加工蜜枣，每千克售价不足 2 元，把一个鲜食优良品种变成加工蜜枣的品种，栽培效益受到很大影响。鲁北冬枣是继临猗梨枣之后在全国范围内发展最快的鲜食优良品种。是全国栽培面积最大，栽培范围最广，枣果产量最多的鲜食优良品种，已成为全国十大主导品种之一。冬枣是一个稀有名贵的鲜食优良品种。20 世纪 90 年代冬枣开发初期，产地河北黄骅和山东沾化，每千克售价高达 100 元以上，随着栽培面积的快速扩大，产量的大幅度增加，价格随之下降。冬枣是一个综合性状好的鲜食优良品种，脆熟期（全红期）的枣果，可溶性固形物高达 30%以上，贮藏保鲜半红期的采收的枣果，可溶性固形物达 25%左右，基本上能反映冬枣品种固有的品质。目前市场销售的冬枣，有相当部分是白熟期采收的枣果，其可溶性固形物含量达不到 20%，人为的提早采收，使冬枣品质大打折扣，白熟期的枣果,使冬枣品质大大下降。不少消费者反映,现在冬枣不如过去好吃,除有机肥不足,一味追求产量等因素外,提早采收,也是品质下降的主要原因之一。赞皇大枣是全国著名的鲜食、制干兼用优良品种,也是全国范围的开发较早的兼用优良品种之一,有关资料报道,原产地赞皇县,20世纪80年代以来,对赞皇大枣开发力度较大,全县栽培近2.5万公顷以上,鲜枣产量达0.5亿千克以上。赞皇大枣本是综合性状良好的兼用优良品种,因该县地处河北省太行山区,枣果成熟季节正逢雨季,枣裂果损失十分严重。为此,大部枣农采取提早在白熟期采收加工蜜枣。2.5万公顷以上,0.5亿千克以上枣区,很少看到赞皇大枣干制品,在原产地赞皇县,赞皇大枣兼用优良品种,基本上变为加工蜜枣品种,每千克售价仅2元左右。制干品种本应在完熟期采收,但有的枣农在脆熟期就采收,由于成熟度低,糖分积累少,果肉不饱满,果面皱纹较多,制干率低,品质差,对经济效益有较大影响。而且果梗未形成离层,用木杆打枝采收,对枝叶和枣果损伤严重,不利于树体营养的积累,对下年枣树生长和结果也有不良影响。近年来在北方市场上销售的干枣,大部分是新疆的骏枣、壶瓶枣和灰枣,北方干枣市场上新疆的骏枣、壶瓶枣和灰枣,占的份额较大,售价也高,其原因就是新疆降雨少,枣果成熟度高,采收晚,枣果在树上就达半干的程度,出干率高,品质好(苗圃内苗木结的枣除外)。

二、采收方法

枣树开花坐果期不整齐、果实成熟期也不一致。不同用途的枣果要求基本一致的成熟度,这就要按枣果成熟度的要求,分期进行采收。贮藏保鲜和鲜食,加工酒枣的枣果,要人工采收,勿使枣果受伤,特别是贮藏保鲜的枣果,要人工精细采收,果面不能带伤,并要求带上果梗。带伤的枣果,容易发生腐烂。为使枣果能带上果梗,采收时要逆向采摘。贮藏保鲜的枣果,要求果面着色50%左右采收,但此时果梗尚未形成离层,果梗与果实连接较紧,采摘时有的枣果带不上果梗。采用乙烯利催落采收。可解决这一矛盾,这种方法早已在生产上应用,但主要用于制干品种。山西农业大学食品科学系研究发现,用乙烯利催落,对枣果贮藏保鲜也无明显影响,但要有相应的地面措施,以减少枣果的损伤。枣果果面有30%~50%着色时,可在9:00前和17:00后,树冠喷施250~300毫克/升乙烯利溶液,要求喷布均匀细致,果面很好着药,若喷后6小时内降雨,要在雨后进行补喷,喷后3~5天果梗即形成离层,枣果采摘时便可带上果梗。为提高工效,可在树冠下设置一个用布料做成的接收枣装置。轻轻摇动树枝,枣果即落在专制的接收枣果的布料上。催落采收的时间,在上午没有露水后至11:00前进行。实践证明,乙烯利催落采收的枣果,大都有果梗。带果梗的枣果,其贮藏保鲜期明显延长。

制干品种,以往大部分枣区习惯用木杆打落。这种采收方法,用工多,投资高,枝、叶、果实易受损伤,枣果晾晒期间易发生腐烂,击落在地面上的枣果,易染泥土,对这种传统的采收方法,应逐步改变,提倡采用乙烯利催落采收。其方法是:采收前5~6天,树冠均匀喷布乙烯利溶液,喷后释放出乙烯,使果梗离层组织解体,枣果容易脱落。一般喷后第3~4天进入落果高峰期,第5~6天成熟的枣果,即可基本脱落。采用乙烯催落采收,可提高工效,减轻劳动强度,节省用工投资,避免枝、叶、果实损伤,减少枣果晾晒期间的腐烂损失,提高枣果质量,有利于营养积累。

第二节 枣果的贮藏

一、鲜枣的贮藏

(一)鲜枣贮藏的意义

鲜枣营养丰富,味道鲜美,富含维生素 C,具有很好的营养价值和药用价值,深受消费者喜爱。但鲜枣不易保鲜,在室内常温下单果置放 24 小时即失水份 5%以上,鲜枣失水 5%即失去新鲜状态。鲜枣一经失去新鲜状态,维生素 C 大量被破坏,食用价值大大下降。以山西十大名枣的板枣、骏枣和相枣为例,鲜板枣含维生素 C 499.7 毫克/100 克,干板枣含维生素 C 10.93 毫克/100 克,仅为鲜枣含量的 2.18%,原鲜枣中 97%以上的维生素被破坏了,酒枣维生素 C 含量为 7.13 毫克/100 克,仅为鲜枣含量的 1.43%,98%以上的维生素被破坏了。鲜骏枣含维生素 C 432 毫克/100 克,干骏枣含维生素 C 16 毫克/100 克,损失 96%以上,酒枣含维生素 C 6.81 毫克/100 克,损失 98%以上。鲜相枣含维生素 C 474 毫克/100 克,干相枣含维生素 C16 毫克/100 克,损失 96%以上,酒枣含维生素 7 毫克,98%以上的维生素 C 被损失了。

据试验,板枣、骏枣、水枣、黑叶枣和赞皇大枣的脆熟期鲜枣,采后在室内自然状态下,不加任何处理单层放置,24 小时失水 5.16%~6.25%,40 小时失水 6.72%~9.05%,56 小时失水 8.28%~11.43%,65 小时失水 8.98%~11.95%,82 小时失水 11.69%~14.76%(表6-1)。

试验中还看到,枣果成熟度相同,存放时间相同,存放方法相同,不同品种间失水率有所差异,供诚的 5 个品种,存放 24 小时,失水率以水枣最大,依次是黑叶枣、板枣、赞皇大枣和骏枣。放置 56 小时与放置 40 小时,失水率趋向一致。水枣放置 56 小时失水率为 14.76%,依次是黑叶枣、赞皇大枣、骏枣和板枣,与放置 65 小时的失水趋势基本相似。

表 6-1　脆熟期鲜枣室内自然存放失水试验

品种	放 24 小时失水率(%)	放 40 小时失水率(%)	放 45 小时失水率(%)	放 65 小时失水率(%)	放 82 小时失水率(%)
板枣	6.25	7.01	9.10	9.60	11.69
骏枣	5.16	6.72	8.28	8.96	11.72
水枣	7.14	9.05	11.43	11.91	14.76
黑叶枣	6.19	7.74	10.06	11.51	13.96
赞皇大枣	5.46	6.91	9.09	10.30	12.93

试验还表明,鲜枣室内自然存放失水率,枣果成熟度不同,其失水率也有明显差异。供试验的 4 个品种,存放 3、4、5、6 天后调查看出,所有品种失水率,以白熟期高于半红期,半红期高于脆熟期(表 6-2)。

表 6-2　鲜枣不同成熟度室内自然存放失水试验

品种	成熟度	果重(克)	放 3 天果重(克)	失水率(%)	放 4 天果重(克)	失水率(%)	放 5 天果重(克)	失水率(%)	放 6 天果重(克)	失水率(%)
梨枣	脆熟	51.50	47.40	7.96	45.40	11.85	43.50	15.83		
	半红	51.75	46.50	10.15						
	白熟	93.10	82.50	10.38	79.50	14.06	76.80	16.61		
中阳木枣	脆熟	46.90	42.20	10.02	40.50	13.65	38.90	17.60	37.25	20.58
	半红	50.80	45.30	10.83	43.50	14.37	41.50	18.31	39.40	22.44
	白熟	49.10	43.20	12.20	41.00	16.50	38.00	20.57	37.10	24.44
郎枣	脆熟	60.40	55.50	8.11	53.50	10.78	51.80	14.34	50.00	17.22
	半红	56.90	49.50	13.01	47.50	16.52	45.60	19.86	43.40	23.73
金丝小枣	脆熟	71.46	64.70	8.87	62.40	12.11	60.25	15.14	38.00	18.31
	白熟	61.20	54.70	10.62	52.50	14.22	50.40	17.65	48.40	20.92

以往栽培的枣树,各枣区均以制干和兼用品种为主。鲜食品种,品种数量多,但栽培数少,多为零星状态,产量很少,即使是优良品种,也未能很好地开发利用。临猗梨枣、鲁北冬枣等全国著名的优良品种,在 20 世纪 80 年代中期之前,栽培数量很少。随着市场经济的发展,人民生活水平的不断提高。对鲜枣营养保健功能的逐步认识,鲜枣的需求量不断增加,从 20 世纪 80 年代中期开始,以临猗梨枣和鲁北冬枣为代表的鲜食优良品种。有了较快的发展,山西省临猗

县20世纪80年代中期以来,开始重点发展原产当地的梨枣,其后重点发展冬枣,目前该县已发展以冬枣和梨枣为代表的鲜食品种1.33万(20万亩)公顷,年产鲜枣2.5亿千克以上,平均667平方米产1250千克,成为全国以鲜食品种为主的枣树生产基地县,也是全国枣树单产量最高的县。20世纪90年代之后,在全国范围内,以鲁北冬枣发展最快,有关资料报道,全国冬枣种植面积达15万公顷以上。鲜枣产量达8亿千克以上,其中以山东省沾化县栽培面积最大,达3.33万公顷,鲜枣产量2.5亿千克以上,是全国最大的冬枣生产基地。河北省黄骅县冬枣栽培面积2万公顷以上,鲜枣产量1.5亿千克以上。山东省无棣县冬枣栽培面积2.33万公顷,鲜枣产量0.57亿千克以上,陕西省大荔县,冬枣栽培面积1万公顷以上,鲜枣产量0.75亿千克以上。山西省临猗县,由于冬枣栽培效益好于梨枣,将梨枣大部更换为冬枣。冬枣多采用矮密栽培,4~5年生树667平方米,鲜枣产量可达500千克以上,有的可达1000千克以上,是综合性状和栽培效益最好鲜食优良品种。

大规模发展鲜食品种,必须相应地搞好鲜枣的贮藏保鲜工作。通过贮藏保鲜,调节鲜枣的市场供应期,延长蜜枣的加工期,增加蜜枣的加工量,提高枣产品的附加值,从而提高枣树的生产效益。鲜枣栽培面积快速发展,鲜食枣产量快速提高,如果鲜枣贮藏保鲜跟不上,必将影响枣树产业的健康发展。

(二)鲜枣贮藏技术

1. 选用耐藏品种

鲜枣的贮藏性能,不同品种之间有很大差异,1985年山西省农业科学院果树研究所枣课题组进行了鲜枣耐贮试验,参试的21个品种采自国家枣树资源圃。采收日期为10月1~6日。枣成熟度半红期8个品种,脆熟期(全红期)13个品种,入库前未经消毒和预冷处理。枣果采收后及时装入打孔的无毒聚乙烯塑料袋内,放入气调库贮藏架上,每袋装1~5千克。贮藏库温度保持0~±1℃。相对湿度保持90%~95%,贮藏89~93天。试验结果表明,8个半红期品种以尖枣贮藏性能最好,贮藏89天后脆果率高达90.84%。其余依次是十月红、冬枣、永济蛤蟆枣、太谷葫芦枣、临汾团枣和圆枣,脆果率分别为80.37%、64.58%、58.09%、50.60%、40.73%、37.20%(表6-3)。全红期13个品种,贮藏89~91天脆果率都在50%以下,其中有8个品种在10%以下,其中有2个品种为0。

通过不同品种鲜枣贮藏试验,初步选出一些耐藏和比较耐藏的品种,为进一步开展鲜枣的贮藏和推广选择品种提供了参考依据。鲜枣贮藏要选择品质优良、成熟较晚、贮藏性能好的鲜食品种。

2. 适时进行采收

鲜枣贮藏效果受枣果成熟度影响,试验结果表明:枣果成熟度与贮藏效果

表6-3 不同鲜枣品种贮藏效果

品　种	采收期（月．日）	成熟度	贮藏天数（天）	调查果数（个）	贮藏效果					
					脆果数（个）	脆果率（%）	软果数（个）	软果率（%）	烂果数（个）	烂果率（%）
尖枣	10.5	半红	89	535	486	90.84	17	3.17	32	5.98
十月红	10.3	半红	91	647	520	80.37	66	10.20	61	9.43
鲁北冬枣	10.6	半红	90	96	62	64.58	0	0.00	34	35.42
永济蛤蟆枣	10.1	半红	93	136	79	58.09	0	0.00	57	14.91
太谷葫芦枣	10.5	半红	90	83	42	50.60	8	9.64	33	38.76
临汾团枣	10.2	半红	92	302	123	40.73	0	0.00	179	59.27
圆枣	10.3	半红	91	672	250	37.20	0	0.00	422	62.80
大荔龙枣	10.5	半红	90	86	22	25.58	39	43.35	25	28.07
中阳木枣	10.3	全红	91	440	217	49.32	102	23.18	121	27.50
尖枣	10.5	全红	89	652	288	43.87	317	47.70	55	8.43
灰枣	10.5	全红	90	58	16	27.59	42	72.41	0	0.00
晋枣	10.5	全红	90	74	12	16.22	12	16.22	50	67.57
婆婆枣	10.5	全红	90	304	33	10.86	258	84.87	13	4.27
小小枣	10.5	全红	90	315	29	9.21	194	61.59	92	28.27
脆枣	10.5	全红	90	53	4	7.55	15	28.30	34	64.15
串铃枣	10.5	全红	90	93	6	6.45	77	82.80	10	10.75
三变红	10.5	全红	90	140	8	5.71	63	45.00	69	48.29
蜂蜜罐	10.5	全红	90	102	4	3.92	0	0.00	98	96.08
郎枣	10.5	全红	90	390	15	3.85	271	69.49	104	26.47
糖枣	10.6	全红	91	85	0	0	71	83.53	14	16.47
壶瓶枣	10.3	全红	91	355	0	0	155	43.66	200	56.31

呈负相关。成熟度低的耐贮，半红期枣贮藏效果明显好于全红期枣果。山西省

农业科学院果树研究所枣课题组进行了枣果不同成熟度贮藏试验,结果表明:气调库温度、相对湿度和气体成分相同条件下,着色50%左右半红期的尖枣,贮藏89天后好果率(脆果率)高达90.84%,100%着色的全红好果率仅43.87%,二者差异非常明显。枣果随着成熟的提高贮藏性能逐渐下降,用于贮藏保鲜的枣果以着色50%左右的半红期采收为宜,此时采收的枣果贮藏性能好,糖分也有较高的累积,维生素C含量高,基本能代表本品种固有的品质,采收偏早,贮藏性能虽好,但成熟度偏低品质受到影响,采收偏晚,品质虽好,但贮藏效果明显下降。

当前,鲜枣的贮藏存在比较突出的问题是枣果采收偏早,以冬枣和临猗梨枣为例,不少贮藏经营者以贮藏白熟期枣果为主,人为降低本品种枣果应有的品质,优良品种表现不出优良的性状。据测试,白熟期的冬枣,可溶性固形物含量仅20%左右,白熟期的梨枣可溶性固形物仅15%左右。消费者反映市场上销售的冬枣和梨枣品质都不如过去的好。在激烈的市场竞争中,对此要引起重视,要牢固树立以质量求生存,以质量求发展,以质量占领市场,以质量要效益的观念。有的品种糖分积累较早,白熟期糖分积累已达20%以上。对糖分积累较早的品种,可根据市场和消费者的需求,适时提早采收。

3. 贮藏的主要条件

适宜温度、相对湿度和气体成分,是鲜枣贮藏的主要条件。

(1)温度:低温可有效的延缓枣果的衰老过程,在一定范围内,温度越低,贮藏效果越好,但不能低于冰点,否则容易发生冻害。枣果冰点与品种和成熟度有关。不同品种、不同成熟度的枣果,其冰点不同。据测定,半红期的郎枣,冰点为-2.4~-3.8℃。有的品种,如临猗梨枣,长期在-2.4℃的条件下贮藏。果实表面会出现冻害症状。贮藏期间要注意温度的观察,大部分品种适宜的贮藏温度应控制在-0.5~-1℃之间,使枣果呼吸处于非常的微弱状态。

(2)湿度:鲜枣容易失水。据测试枣果采收以后在室内常温下单层存放24小时,其失水率达5%以上,口感已不新鲜。临猗梨枣全红果采收后在室内单层存放3天失水率为7.96%,存放4天失水率为11.85%,存放5天失水率为15.53%。湿度对鲜枣贮藏的影响是很大的。贮藏鲜枣相对湿度,应控制在90%~95%之间,用0.03毫米的无毒聚乙烯打孔塑料包装枣果,湿度效果良好,如湿度不够,可采取盆内放水的措施进行调整和补充。

(3)气体成分:鲜枣和其他水果一样,要维持正常的生命,就要进行正常的呼吸。即吸收氧气,释放二氧化碳,通过呼吸维持正常的生命活动。枣果呼吸有有氧呼吸和缺氧呼吸之分,有氧呼吸是在有足够氧气条件贮藏时所进行的呼吸;缺氧呼吸易产生乙醇,乙醇大量积累时,果实会变色变软。鲜枣贮藏环境,要保持空气流通,防止二氧化碳积累过高而导致贮藏失败。

枣果的呼吸比较旺盛,呼吸的强度变化比较平稳,影响枣果呼吸的因素很多,不同品种和不同生育期的枣果呼吸强度不同。湿度和气体成分是影响枣果贮藏呼吸强度的重要因素,适当降低氧气浓度,可抑制枣果的呼吸强度,延缓枣果的衰老。高浓度二氧化碳可导致枣果产生大量乙醇,使果实变软,失去新鲜状态,降低贮藏效果;二氧化碳高于2%会加速果肉变褐软化。大部分品种适宜的气体成分是氧气3%~5%,二氧化碳低于2%。

4. 正确贮藏方法

枣果采收后要及时装入专用果箱,运输途中要注意轻装轻卸防止磕碰损伤。枣果贮藏前要进行分级挑选、清洗、消毒和预冷处理。以上程序要在1天内完成,然后把枣果装入贮藏专用保鲜袋。每袋5~10千克。山西省农业科学院农业资源综合考察研究所,研制的水果贮藏保鲜袋,能及时排除袋内有害气体,自然调节袋内气体成分,不需打孔,使用比较方便,比以往用的贮藏保鲜袋保水性好。

枣果入库前要对冷库进行消毒,并将冷库温度调到适宜的温度。根据我国现行经营体制,宜选用山东果树所研究推广的5~10吨贮量的挂机自动冷库,比较经济。建一个容量5吨的小型冷库投资2万元左右,库容量10吨的冷库,投资3万元左右,如经营得好贮藏2年即可收回建库投资。如果贮藏量大,可建小型冷库群或小型气调库群。大部分枣品种的果实都小,贮藏保鲜的枣果采收质量要求严格,采收比较费工,在短时间内,采收大量符合贮藏质量要求的枣果有一定困难。所以,进行鲜枣贮藏不宜建大型冷库,以小型冷库为宜。

北方枣区有的用机械制冷土窑洞贮藏鲜枣,土窑洞地址因选择土层深厚、土质黏重、通风良好和交通方便的地方。窑门以向北为好。窑门向北可减少日光照射,并有利于窑洞的自然通风降温。窑洞高3米左右,宽2.8米左右,长30~50米,窑顶土层厚3米以上,窑洞之间相隔4米以上。窑洞后部应设高于窑门的通气孔,其高差越大,越有利于自然通风。要充分利用自然地形,提高通气孔的高度,一般不低于10米。窑门高3米,宽1~1.4米。门口内要3~4米的缓冲带。窑身顶部由外向里缓缓降低,比降为0.5%~1%,窑底与窑顶平行,窑顶最高点在窑门外,以利于窑外冷空气进入和窑内热空气排出。

窑洞修好后要安装冷冻机,建成机械制冷窑洞。一个高3米、宽2.8米、长50米的窑洞不加隔热设施,需要安装制冷量16800千焦/小时的智能机两台。配合冬季自然降温,利用自然冷源,可维持窑洞内的适宜温度。冷冻机房一般在窑门一侧,蒸发管道通过墙壁进入窑洞,架设在窑顶顶部,蒸发器管道用无缝钢管制成,规格为2.5毫米×2.5毫米。安装时尽可能增大蒸发面积以提高制冷机功效。

机械制冷窑洞,可使窑洞温度保持0℃左右,11月份以后可充分利用自然冷源降温,以节省能源的消耗。冷冻机只在自然冷源之前使用,为保证枣果入窑后就处于所要求的温度条件,冷冻机要提前开机,连续开机蒸发管道上容易结霜,对结霜要及时清除,以免影响制冷效果。贮藏前期要注意窑门的关闭,以防止外界高温进入窑内。当窑温降到所要求的温度时,可减少开机时间。利用自然冷源就能维持窑洞0℃左右时,制冷机可停止工作。停机后要注意把冷凝器中的水及时排出以防结冰后冻坏机器。

除了在窑洞内进行通风降温外,还可在窑内积冰,以增强降温效果、增加窑内湿度。贮藏期间要注意观察窑内的温湿度。使窑内保持适宜的温度和湿度。枣果出窑后,窑洞内要进行清理和消毒,夏季要封闭窑门和窑窗,以防外界高温空气进入窑内。

防止贮藏病害:采收前半月树上要喷一次0.2%氯化钙溶液,可提高枣果的耐贮藏性,减少贮藏期间病害的发生。采收后枣果要进行挑选,入窑前枣果要进行预冷和消毒,以杀灭枣果表面的致病微生物。

二、干枣贮藏

枣果干制后,要进行挑选、分级和包装,然后置于冷凉、干燥、通风、干净、无鼠害的库房贮藏,贮藏方法因贮藏量多少而定。贮量小,可采用缸藏,贮藏前对贮藏干枣进行消毒处理,然后把干枣放入缸内,上面放少许高度白酒,用木板、石板或塑料布密封缸口,干枣即可长期保存,这是北方枣农长期采用的一种干枣贮藏方法。

如干枣贮量大,可采用席筒贮藏,即把苇席卷成筒状,把干枣放在席筒内,上面用塑料布封盖。有的采用纸箱包装,码垛贮藏,纸箱质量要好,每箱装干枣15~20千克,贮藏时在地面支架,把装好干枣的纸箱码垛在支架上,码垛高度为5~6层。有的采用地面支架,架上铺放用高粱秆或细竹竿制成的箔子,把干枣堆放在箔子上,堆放厚度1米左右,上面用塑料布封盖,也可用无毒塑料袋或尼龙袋贮藏。把干枣装入袋内,放在地面支架上,高度不超过2米,包装袋规格要统一。

贮藏干枣,不论采用哪种方法,贮藏后的干枣含水量要符合国家标准。大红枣含水量不超过25%,小红枣含水量不超过28%。贮藏期要定时进行检查,注意发生霉烂和被老鼠危害。

干枣越夏,易发生蛀虫和霉变,为了防止干枣越夏生虫和霉变,最有效的方法是采用冷库低温贮藏。进行干枣冷库低温贮藏,冷库温度要控制在10℃以下,并注意保持干燥,即可防止蛀虫危害。

第三节 枣果加工

近年来我国枣树栽种面积不断扩大,产量大幅提高。但由于鲜枣含有约80%的水分,不易保存、运输,据统计,鲜枣每年腐烂损失的数量高达20%~30%。因此,红枣的加工尤为重要。

红枣营养丰富,具有较高的滋补作用和药用价值。传统加工往往只注重色泽、风味及外观形状,而对有效营养成分的最大限度保存及相应加工方法与工艺改进的研究与实践不多,制约了资源丰富的红枣生产的产业化和有效开发利用。枣能加工成种类繁多的产品,如蜜枣、乌枣、酒枣、枣蓉、枣泥、枣糕、枣酒、枣茶、枣饮料等,深受消费者喜爱。例如红枣的干制主要是采用风吹日晒的自然干制,受微生物污染的机会较多,营养物质损失也很严重。又如蜜枣加工过程中的分级划线、糖煮、烘烤等主要工序,传统的生产方式既难以有效控制质量,加工时间又太长,生产效率低。因此,为适应市场不同消费者的口味需求和最大程度保留红枣中的营养成分,如产品中维生素C等有效成分,就必须改进产品质量,由传统加工方式转为工业化生产,利用新技术等手段提高枣产品加工生产效率和质量控制,使红枣加工获得更高的附加值。下面重点介绍几种枣果的加工产品。

一、免洗干枣

制干是红枣加工的主要途径之一,干制红枣占我国枣产量的70%以上。

传统的红枣制干,枣果用自然晾晒,但这种加工方式存在制干时间较长、受微生物污染机会较多、干制过程中呼吸作用较强而致呼吸损耗较高,特别是阴雨天气霉烂损失较重等缺陷。

现代制干中经济实用的方法是人工制干法。一般建造烘干设施,控制温度和间断排湿以达到去除枣中水分以达到制干的目的。同时,引入《食品企业通用卫生规范》对食品加工的卫生要求,产品经清洗和在符合卫生要求的条件下生产,具有清洁卫生的产品特性,消费者购买后可以不经清洗直接食用,故称为"免洗干枣"。

(一)工艺流程

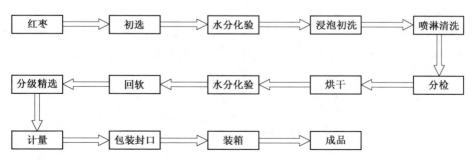

(二)操作流程

1. 原料红枣

原料红枣选择充分成熟枣果。成熟度对于免洗枣品质至关重要。如交城骏枣,20年以上树龄的枣树上木质化枣果,开花早、坐果早,在白露时脆熟,在秋分时完熟,秋分后采收,枣果糖分积累高,制干后枣品质好,果肉厚,色紫,饱满,皮展如鲜枣,食之甘糯醇香,品质上乘,商品价值高;而"早密丰"幼龄枣树枣果,开花坐果晚,光合作用时间短,作为鲜脆枣商品品质还行,但在秋分时采收后制干,肉少、色淡、皮皱、干瘪,近年来在采收期由于怕下雨造成裂果损失,枣农将采收期人为提前,也造成了免洗干枣品质的下降。

2. 清 洗

免洗干枣生产,清洁卫生是重要质量指标之一。

清洗用水应符合 GB5749《饮用水卫生标准》,否则,如果水浑浊或微生物超标,不仅达不到清洗目的,反而对枣果造成污染。清洗分初洗和淋洗两步进行。

(1)初洗:采用浸泡的方式,将枣果倒入浸泡池中,由于枣果比水轻,浮在水面,条件好的采用回旋式或冲浪式浸洗槽,也可用木棒轻轻搅动,使枣果与水充分接触,以洗去枣果表面的尘土等。浸洗时间根据枣果的折皱程度和清洁度而定,一般10~20分钟为宜,时间太短,清洗不净,时间长,清洗水会浸入果中。

(2)淋洗:经初洗的枣果,通过提升机等方式输送到淋果机,经过具有一定的压力的清水以雾状冲洗枣果,达到精洗的目的。

有的生产厂家通过一定浓度的糖水浸泡或上蜡来增加枣果的外观光亮度,这样不仅增加生产成本,而且如糖水浸泡,还会增加微生物感染的机会。枣果外观光亮的诀窍之一,就是喷淋清洗,仅浸泡清洗的枣果,烘干后外观是发暗的,说明枣果没有彻底清洗干净,表面有一层薄膜状的污物,通过喷淋清洗,烘干后枣果自然光洁发亮,当然,要达到完善的品质,后续的烘干环节也至关重要。

3. 检 果

经清洗后的枣果,输送到检果机(台)上,人工拣去可能夹杂的枝叶、残次果、杂质。然后将红枣装入烘盘,抬上烘车,推入烘房。装入烘盘时,厚度为1~2层,装盘要均匀,平整。

4. 烘 干

烘干一般用土烘房或蒸汽烘房。土烘房大都以煤为燃料,通过火道传热使烘房达到一定的温度,蒸汽烘房以蒸汽为热介质,通过鼓风机强制循环使枣果均匀受热升温,达到烘干的目的。

土烘房经济实用,蒸汽烘房卫生、循环效果好,枣果烘干效果均匀一致。

同一批枣果,水分含量应基本一致,水分偏差≤5%,枣果大小基本均匀。

烘干过程中,由于入房时初始水分的不同,烘干时间也不同,入房水分较高,在60%～65%时,烘干时间约需24小时,入房水分40%左右时,需烘干8～10小时。烘干的过程也是杀虫杀菌的过程。特别是杀灭虫卵效果明显。危害枣果的害虫一般是桃小食心虫及其虫卵,研究发现,在52℃以上持续20分钟可杀死桃小食心虫及虫卵。所以,不管进入烘房的枣果水分高低,应保证在60℃以上温度下保持1小时。

烘干后的枣果水分应在25%以下,最好在23%～25%之间,因为水分过高,枣果容易发霉,水分过低(22%以下),口感差,且影响经济效益。

烘干分三个阶段:

a. 预热阶段:目的是使枣由皮部至果肉逐渐受热,提高枣体温度,为大量蒸发水分做好准备,该阶段需4～6小时。在这段时间内,温度要平稳上升,逐渐上升到50～55℃。不能急速升温,以防出现"硬壳"现象,妨碍正常烘干。

b. 蒸发阶段:目的是使枣的游离水大量蒸发,烘房的温度升至60～65℃,不宜超过70℃,超过70℃容易出现油头枣,特别是木枣类。这一阶段要注意适时通风排湿(一般相对湿度达到70%时打开排风机进行排湿,相对湿度下降到60%时停止排湿,通常根据经验,当人进入烘房有憋闷感、枣果表面"出汗"时,需要排湿),勤于观察枣的变化。

c. 干燥完成阶段:经过蒸发阶段后,枣果内部可被蒸发的水分逐渐减少,蒸发速度变缓,烘房温度控制在不低于50℃即可,一般需要6小时左右,使水分继续蒸发,并使枣果水分趋于平衡。随着红枣的逐渐干燥,应不断地将烘干好的产品及时卸出。

枣果水分首先通过感官经验判断,当接近烘干水分要求时,用快速水分测定仪进行测定。

5. 回　　软

枣果在烘干的过程中,表皮水分逸散快,果心水分逸散慢,造成表里水分不一,以及上层与下层、大果与小果等水分不一现象。

将烘干的枣果堆放在一起,经24小时左右曲回软。可以达到表里水分的均匀一致。

对于外观品质要求高、怕挤压变形影响外观品质的品种,如交城骏枣,可装入塑料筐中码放回软。

6. 分　　级

分级是提高枣果商品价值的重要手段。特别是对于枣果大小不均匀的品种,如交城骏枣,分级越细致,产品就越均匀一致,给消费者的感觉就越赏心悦目,这样,较小的枣果也能卖出好价格,个头较大、成熟度较好的枣制成高档礼品,价格更显不菲。

作为商品,最忌讳的是将大小不均匀、成熟度不一致、有病虫果的枣果混装在一个包装中展现给消费者,这等于在给自己的产品做反面宣传,放大缺点。

分级以滚筒式枣果分级机比较适用,结构简单,造价低,分级效果好。

7. 精选包装

枣果从烘干到包装,是卫生控制的关键阶段,必须注重工作环境、人员、与枣果接触的容器、包装物、设备的清洁和消毒,这是保证枣果微生物指标不超标、防止生虫霉变的关键。具体要求参照 GB14881《食品企业通用卫生规范》执行。

挑选目前还没有合适的机械手段,由人工进行,将枣果中的残次枣,如不熟果、虫果、病果、裂果等剔除。

枣果一般以塑料袋热封包装,也有纸金、陶瓷容器等包装形式,包装机械有枕式包装机、真空包装机、薄膜封口机、热收缩包装机等。不管如何,要做到对枣果具有良好保护作用,有两点基本要求:其一,包装材料必须符合食品卫生要求,不得使用有毒、有害、对食品有污染的包装材质;其二,最好密闭以保证气密性。这样可保证产品不受潮,不易受到微生物、害虫的污染。

如果有条件,密封的包装中放入具有吸氧吸潮作用的"双吸剂",为保证"双吸剂"的效果,包装应是气密的。

另外,包装应计量准确,封口严密,打包整齐,有条件的,应具备检验条件,一般至少要有感官和水分检测能力。

8. 保质期

以上操作应注意四点:第一是烘干时保持60℃以上1小时,以杀灭虫卵;第二是水分含量低于25%;第三是烘干后到包装前的卫生控制;第四是包装容器的密封性。这样,枣果包装后可安全度夏,在常温条件下保证12个月以上的保质期。

二、枣饮料

枣汁饮料,可以制成清汁型、果肉型、浊汁型和复合型等不同形态的饮料。

1. 清汁型枣饮料

(1) 工艺流程

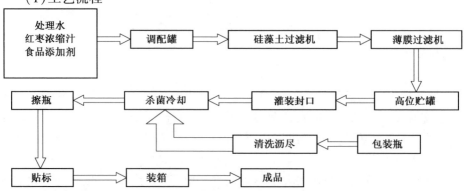

(2)操作规程:清汁型枣饮料的主要原料,可直接选用质量上乘的清汁型红枣浓缩汁进行调配,红枣浓缩汁可以根据专业化大生产的原则直接购进。

A. 原料要求:

水:要求符合饮用水卫生标准,即 GB5749《生活饮用水卫生标准》。配料用水最好使用纯净水,至少要经砂滤器过滤。

红枣浓缩汁:要求无发酵、长菌现象,配料前应先用糖量计对其折光度进行测定,然后按配方准确称量后加入配料罐中。

白砂糖:选用一级以上白砂糖,待水煮沸后,边搅拌边加入,糖浆完全溶解后煮沸 5 分钟。

食品添加剂:选用的添加剂必须是食用级,加量应符合 GB 2760 标准规定。优质红枣浓缩汁颜色紫红、香气浓郁,不需加着色剂和香精,成品经二次杀菌可保证商品无菌,不需加入防腐剂。

B. 煮 料

煮料在夹层锅中进行,在水加热煮沸后先加入白砂糖,待白砂糖溶解后,加入红枣浓缩汁,煮沸后打入调配罐中。

C. 配 料

各种配料在调配罐中定量、定容后将其他添加剂在搅拌状态下加入。

D. 过 滤

经硅藻土过滤机和微孔薄膜过滤机过滤。

硅藻土过滤机的操作:在调配罐中配好料后,加入 0.5 千克硅藻土,搅拌均匀,然后打开过滤机的循环阀,同时关闭出料阀,打开调配罐出料阀,启动饮料泵开始打循环至少 5 分钟,循环过程中随时通过过滤机玻璃柱观察过滤效果,并从取样口取出试样仔细观察,确认澄清透明无杂质后,同时打开过滤机出料阀,关闭循环阀进行过滤,过完一罐过一下罐时应适当补充硅藻土并重复上述操作步骤。注意每次过滤时要经常对过滤机排气,保证过滤机体内无空气。每天工作完毕要将过滤机打开彻底清洗干净,过滤布袋洗净后晾干,严禁将湿布袋装入机内。

经硅藻土过滤机出料阀的清液再通过微孔薄膜过滤机精滤,保证料液的澄清透明。

将过滤的料液直接打入高位罐(冷热缸),以待灌装。

E. 洗 瓶

要求将瓶子清洗干净,不留杂质,冲瓶要用经处理的工艺用水,冲瓶后要将瓶内水沥净。

F. 灌 装

按产品容量要求调整,要求灌装高度均匀一致。开始流出的料液温度低,要倒回桶中回锅加热,直到料液温度达到灌装要求温度(85℃以上)才能转入下道工序。灌装后要趁热封口,封口要到位,避免漏气。

G. 杀 菌

灌装好的饮料应尽快杀菌,实瓶温度与杀菌水温度差应小于50℃,避免温差过大爆瓶。杀菌温度为95~100℃,20~30分钟。杀菌后应将实瓶迅速冷却至室温。

H. 贴标、装箱

贴标前应对实瓶进行检查,检查如下内容:如果是真空钮盖,要看饮料盖的真空钮是否吸回,将真空钮没有吸回及漏瓶的不合格品剔出;其次,检查瓶中饮料有无肉眼可见的外来杂质、容量是否有明显的差别、是否有玻璃碴及其他沉淀,将不合格品剔出。贴标时要求贴牢、高低一致、整洁端正。

I. 成品入库

每批产品在入库前要按产品标准要求进行抽样检验,检验合格后入库。

2. 果肉型枣汁饮料

(1)工艺流程

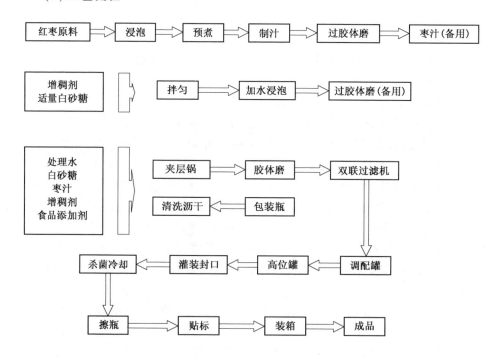

(2)操作规程:

A. 红枣:选用成熟红枣,可以是免洗干枣生产中挑拣出来的果形不整齐、个头较小的枣,但不能是霉烂变质或虫蛀等质量不合格的枣果。

B. 挑选、清洗:剔除原料中的杂质和霉烂、虫蛀、病害枣果,以保证饮料的卫生和风味。

C. 浸泡:冷水浸泡 12 小时或 40~60℃ 水浸泡 4 小时。

D. 预煮:将浸泡后的红枣放入夹层锅中,加水浸没红枣,煮沸后保持 15~20 分钟,手捏肉软皮脱为度。

E. 提汁:用手工或打浆机将枣肉与枣皮枣核分离,若使用打浆机,要注意调整好转速,以防打碎的枣核和枣皮混入枣肉中,影响饮料的外观和口感。提出的枣肉过胶体磨,磨细。

F. 增稠剂处理:将增稠剂与适量白砂糖混合,以利增稠剂的溶解,搅匀后加入适量温水,浸泡片刻,过胶体磨两次,配料时备用。

G. 煮料:煮料在夹层锅中进行,在水加热煮沸后先加入白砂糖,待白砂糖溶解后,在搅拌状态下加入经胶体磨处理的增稠剂,煮沸后,再加入处理好的枣汁,保持煮沸状态 5 分钟。

H. 配料:各种配料在调配罐中定量,用工艺用水定容,并将其他添加剂在搅拌状态下加入。

I. 过胶体磨:将调配好的饮料再一次经过胶体磨磨细,使饮料品质更趋稳定。处理后的料液直接打入高位罐(冷热缸),以待灌装。灌装、封口、杀菌、包装等工序与清汁型枣饮料相同,略。

(3)成品质量:产品风味浓郁,枣香纯正,甜润爽口,营养健康。枣汁饮料,还有用青枣打浆调配的浊汁型鲜枣汁,与其他果蔬复配的复合果蔬汁饮料,加入果粒等的悬浮型饮料,等等,衍生出品种繁多、特色各异的系列饮品。

三、蜜饯类

1. 无核糖枣

(1)工艺流程:原料选择→去核→泡洗→煮制→浸枣→烘烤→成品

(2)制作方法:

A. 选果:选个大、肉厚、核小、含糖量高的品种,果实要求枣体完整、均匀,无虫蛀、破烂、霉变,最好是选用完全成熟的水分在 35%~50% 的红枣。

B. 去核:将选好的枣用红枣去核机去核。

C. 泡洗:将去核的枣泡入 60~70℃ 的热水中,轻轻搅拌,洗泡 20 分钟左右,洗净污物并使枣皮软化。待枣肉发胀,枣皮展开,吃透水分后捞出,沥净枣皮表面的水。

D. 煮制:用 10 千克白砂糖加 10 千克热水,加 2% 柠檬酸,搅拌均匀。待糖溶化后将枣连同糖液一起倒入夹层锅内煮 0.5 小时。果肉呈透明,质软即可。

E. 浸枣:将煮好的枣及原糖液同时倒入配有玫瑰、蜂蜜、白砂糖、桂花等作料的缸内,浸泡 24 小时。至枣内渗满糖浆,枣面呈黑紫红色时即可捞出。

有条件的可用真空渗糖锅,时间短,品质好。

F. 烘烤:用温水洗掉枣表面的糖浆,放入烘盘中,送入烘房内烘烤。初烘时,烘房温度保持在50℃左右,使枣皮慢慢收缩。5~6小时后温度逐渐上升到60~70℃,每隔2小时倒盘一次,使烘烤均匀。经9~10小时枣皮发皱即可把炉火封闭,温度保持50~60℃至糖枣水分降到20%以下,即用手摸感到外硬内柔时,即可出炉。

2. 蜜枣

(1)工艺流程:选料→割缝→浸亚硫酸氢钠→糖煮→加糖→糖浸→烘干→整型→成品

(2)制作方法:

A. 选料:制作蜜枣要选用果大核小、肉质肥厚、无虫蛀、无损皮的色泽青绿的白熟期鲜枣作原料。

B. 割缝:将经过挑选的枣果,根据大小分等级投入切枣机的孔道进行切缝。深度以达果肉厚度的一半为宜,过深易破碎,过浅糖液不易渗透。

C. 浸亚硫酸氢钠:将割过缝的青枣浸入0.5%的亚硫酸氢钠溶液中,浸泡10小时。

D. 糖煮:将水7.5千克、白砂糖11.5千克和柠檬酸25克煮成糖液,将经过处理的青枣25千克倒入,煮沸10分钟。待枣肉变软后,加入冷却的50%冷糖液1.25千克。待糖液再次沸腾时,再加入50%冷糖液1.25千克,如此反复3次。

E. 加糖:当糖液第四次沸腾时,加入白砂糖,共要加六次。第1~3次,各加入白砂糖1.25千克,同时加入50%冷糖液500克;第4~5次各加入白砂糖3.75千克;最后1次加入白砂糖5千克,并要煮沸20分钟左右。

F. 糖浸:将煮好的枣连同糖液一起倒入缸内浸渍24~30小时,然后,沥干糖液,把枣铺在烘盘上,准备烘干。

G. 烘干:将烘盘在60~70℃的温度下烘24~26小时,待枣肉表面不粘手时,即可进行整型。

H. 整型:用手将表面已基本干燥的枣子捏成扁圆形,除去烂枣、碎枣等劣枣,继续烘干,直至含水量为20%时,即为成品。

四、枣 酱

1. 工艺流程

红枣→分拣→清洗→软化→搓酱→加添加剂→浓缩→装罐→封口→杀菌→冷却→成品

2. 操作规程

(1)原料:选个大、肉厚的干红枣,剔除腐烂、虫害枣果,除去杂质。

(2)浸泡:清水浸泡12小时,再以流动水充分洗净。

(3)预煮:将浸泡后的红枣加入夹层锅中,加入干红枣50%的水加热,保持夹层锅0.25兆帕的压力,直至果皮分离,煮烂为止,中间要不断搅拌。

(4)打浆:用孔径0.2毫米打浆机打浆,除去枣核和枣皮。

(5)搓酱:用手在尼龙筛上搓去枣皮,防止枣皮混入。有条件再过胶体磨磨细。

(6)配料:在夹层锅中进行。配方为枣泥100千克、白砂糖75千克、淀粉6千克、琼脂0.3千克、花生油6千克、糖桂花或玫瑰酱4.5千克。

白砂糖配成75%的糖浆,琼脂加水10千克,过滤备用。淀粉6千克加水9千克溶化,过滤备用。香料1千克加水3千克煮沸过滤备用。

将糖浆加入枣泥中在0.25~0.3兆帕蒸汽压力下加热浓缩,注意搅拌。当果浆可溶性固形物达到50%时,加入琼脂,固形物达到55%时,加入花生油及香料水,并继续浓缩10分钟,搅拌均匀即可出锅。

(7)灌装:装罐时保持品温在80℃以上,罐口不得污染果浆。

(8)封口:真空自动封口时,真空度200毫米汞柱。

(9)灭菌冷却:升温5分钟,沸水中保持20~30分钟,迅速冷却到40℃以下(如果是玻璃瓶包装,应分段冷却),擦干罐外水珠。然后贴标、装箱、检验、入库。

3. 质量标准

棕黄色或棕褐色,呈胶粘状或干沙性,不流散,无糖结晶,无杂质;符合食品卫生标准。

4. 注意事项

红枣浸泡洗涤必须充分,严防夹泥沙。在加工中严禁枣酱接触铜、铁等金属,防止营养成分损失。本品含酸量低,应控制转化糖含量,防止糖结晶。

枣酱也就是枣泥,可加入青红丝、芝麻、核桃仁、花生米或不同食用香精、果酱等,可以制成多样什锦枣泥。

豆沙枣泥:枣泥500克,核桃仁30克,芝麻15克,100千克红枣做350千克成品枣泥。

玫瑰什锦枣泥:枣泥500克,玫瑰酱30克,核桃30克,100千克红枣做210千克成品枣泥。

豆沙枣泥:枣泥30千克,豆沙70千克,100千克红枣做350千克成品枣泥。

玫瑰枣泥:枣泥500克,玫瑰酱50克,100千克枣泥做240千克成品枣泥。

五、枣 酒

枣酒是一种高档果酒,具有较高的营养保健价值,色泽紫红悦目,口味醇香浓郁。

枣酒的生产方法主要有三种:①发酵;②浸泡;③调配。也可三种工艺结合,取长补短生产特色枣酒。调配型枣酒是以红枣浓缩汁和精制白酒(或食用酒精)为主要原料调配而成,生产配方及工艺可参考清汁型枣汁饮料进行;浸泡型枣酒是以红枣为原料,用25°白酒或食用酒精2~3次浸提、浸提液混合,半年以上长期存放并通过虹吸不断去除酒脚制成的均匀稳定、汁液黏稠、枣香浓郁的甜型枣酒。下面着重介绍发酵型枣酒的生产方法。

发酵型枣酒按含糖量可分为干红枣酒、半干红枣酒、半甜红枣酒、甜红枣酒。

1. 工艺流程

红枣→清洗→浸泡→破碎→果汁调整→主发酵→压榨→后发酵→陈酿→下胶澄清→过滤→勾兑→杀菌→装瓶→成品

2. 工艺操作要点

(1)选料:用高质量的红枣或充分成熟的鲜枣配制的枣酒品质也上乘,枣的品种不同,酿制的枣酒风味也有差别。如用骏枣酿制的酒微甜爽净,用木枣酿制的酒酸甜适口,用鸡心枣酿制的酒枣香浓郁。也可用残次枣或做蜜枣、糖枣、免洗干枣等的下脚料制酒,但不应使用发霉变质和虫蛀枣酿酒,否则酒质低劣,有霉苦味且不易消除。

(2)清洗浸泡:用清水洗净红枣,洗净的枣果在清水中浸泡12小时左右,使枣果充分吸水膨胀。

(3)破碎:用破碎机将枣打碎。

(4)果汁调整:测定破碎后果浆汁液含糖量和含酸量,并将其含量调整到标准值,以使酿成的酒成分含量接近,质量稳定。一般地,如果想使酿成的枣酒的酒精含量为16%(V/V)(16%的酒精度是果酒在常温开放贮存条件下变质与否的分界点。一般地,酒度在16%以上的果酒可久贮不坏,酒度低于16%容易变质),应将糖度用白砂糖调整到207克/升;为了发酵的正常进行及酒的口感,应用柠檬酸将酸度调整到0.8%。

(5)主发酵:将调整后的果浆(连皮带核)放入已消毒的发酵池(或罐,有条件的可用具有温控设施的不锈钢发酵罐)中,接种酵母。为了方便,也可以使用干酵母。在25~30℃下发酵7~10天,开放式发酵时,可用泵从排料口底部将发酵液打入池上口以降温,每循环30~40分钟可降温2~3℃,当残糖含量降到5~8克/升左右时,即可结束主发酵。

(6)压榨:用压榨机进行压榨,使皮渣、枣核与汁液分离,分离出的汁液即为原酒。

(7)后发酵:将原酒液移入发酵罐内。在18~25℃下缓慢地进行后发酵1个月,使残糖进一步发酵为酒精。

(8) 陈酿:把酒用虹吸管吸入橡木桶内,在 8~12℃下贮存,使之成熟。期间需用虹吸方法换桶若干次,以除去酒脚。陈酿时间需 1 年以上。

(9) 下胶澄清、过滤:一般采用明胶澄清。先将单宁(每 100 升酒加单宁 8~10 克)用少量酒溶解后加入大批红枣酒中搅匀。再将明胶(100 升酒加明胶 10~16 克)在冷水中浸泡 12 小时,以除去腥味,然后将浸泡水弃去,重新加水,在微火上加热,不断搅拌促使其溶解,倾少量酒中搅匀后,再加入大批酒中,搅匀。静置 2~3 周,待沉淀完全后,即虹吸上层酒液过滤。

(10) 调配:成品枣酒要求酒精含量 16%,含糖量 80 克/升,含酸量(以柠檬酸计)2 克/升。糖用蔗糖溶解过滤后加入,酒精和酸含量不够时,可用精制酒精和柠檬酸调整。调配后的酒有很明显的不协调生味,也容易产生沉淀,需贮存 1~2 个月后才能装瓶。

(11) 杀菌、装瓶:当枣酒酒精含量达 16%以上时,则不需杀菌即可直接灌装在洗净的瓶中;酒精不到 16%时,则需经巴氏杀菌才能装瓶,装瓶后需密封。

3. 产品质量

优良的枣酒感官指标应具有以下特点:

(1) 色:色泽鲜艳,呈红枣应有的紫红或深红色。

(2) 香:具有优美的红枣果香,和谐的酒香。

(3) 味:酒味醇厚不烈,醇和协调,无明显酸涩感。

(4) 格:具有典型的枣酒风格。

六、枣 醋

1. 工艺流程

红枣→清洗→浸泡→破碎→酒精发酵(加淀粉糖化液、酵母)→拌入麸皮、谷糠、醋酸菌→醋酸固态发酵→加盐后熟→淋醋→加热灭菌→陈酿→澄清→灌装→成品

该工艺采用液态发酵和固态发酵相结合的方法酿制枣醋,酒精发酵阶段基本是液态发酵,醋酸发酵阶段是固态发酵,该工艺既可提高枣醋的产量,又有助于枣醋风味质量的提高。

2. 操作规程

(1) 原料选择:选取成熟度高的红枣,去除腐烂果、虫蛀果、杂质,特别是严格剔除虫果,因为它们会使产品带有苦味。用清水洗去果实表面的泥土,然后清水浸泡 12 小时,使枣果充分吸水膨胀,用破碎机将红枣破碎,但不破碎枣核。

枣醋生产对原料的要求比较粗放,可以是残次枣,也可以是生产其他红枣产品的下脚料,也可以是生产去核产品后的带肉枣核,还可以是生产枣酒等产品后

的废渣。

(2)酒精发酵:破碎后的红枣加入枣果质量2倍左右的淀粉糖化液,调整糖度至15%~16%,再接入5%~7%的酵母培养液,搅拌均匀,控制温度在20~25℃进行酒精发酵。接种后2~3天进入主发酵期,主发酵维持3~4天,主发酵期酵母发酵旺盛,放热多,品温上升快,此时注意采取措施降低品温,主发酵结束后继续发酵4天左右,以促使残糖进一步转化为酒精。整个发酵期约10天左右。破碎后的枣果在酒精发酵前加糖时,为降低生产成本,可采用淀粉糖化液代替白砂糖液。淀粉糖化液的制备:取100千克玉米,粉碎成糁状,加水浸泡30分钟,沥去明水磨成粉浆250千克(磨时边进料边加清水)。然后把淀粉浆浓度调至18~20°Bé′,用Na_2CO_3,调pH值为6.2~6.4,升温至85~90℃维持10~15分钟,降温至65℃,加入-a-淀粉酶制剂(每克原料使用淀粉酶制剂100酶单位),加入玉米质量2%~3%的新鲜生麸皮作,保温60~65℃糖化3~4小时,冷却至室温备用。

(3)醋酸发酵:把酒精发酵醪液,拌入麸皮、谷糠,接入醋酸菌,翻拌均匀,在固态下进行醋酸发酵。固态发酵原料复杂,有利于发酵微生物生成多种发酵产物,并且加入的麸皮、谷糠没有经过严格的杀菌,带入了多种自然微生物,这些微生物与接入的醋酸菌存在着共生、互生、拮抗等关系,经过自然选择,醋酸菌和大量有益微生物大量存活下来,共同进行醋酸发酵,产生不同的代谢产物,构成食醋独特的风味,有利于枣风味质量的提高。醋酸发酵混合原料的水分含量控制在60%左右,酒精含量为6°~8°。醋酸主发酵时,室温为25~30℃,品温掌握在39~41℃,不超过42℃,每天倒缸1次,使醋醅松散,供给醋酸菌充足的氧气,并散发热量。经12~15天的醋酸发酵后,品温开始下降,应每天取样测定醋醅中醋酸的含量,当发酵温度降至31~33℃,测得酸含量不再上升时,说明醋酸发酵已经结束。

(4)后熟淋醋:发酵成熟的醋醅要加入1.5%~2.0%的食盐进行腌醅,先将一半食盐撒在醋醅上,把上半缸醋醅拌匀,移入空缸,次日再将另一半食盐与下半缸醋醅拌匀,并为一缸,后熟2~3天即可淋醋。淋醋采用三套淋方法,即二淋醋浸泡醋醅8~10小时过滤得头酸,三淋醋浸泡头渣4~5小时过滤得二淋醋,清水浸泡二渣2小时左右过滤得三淋醋。

(5)灭菌、陈酿:头醋和部分二淋醋混合作为生产成品的生醋液,生醋液加热至75~80℃维持15~20分钟,进行灭菌灭酶,以延长枣醋的保质期。灭菌后的醋液倒入大缸中陈酿3~6个月,在陈酿过程中醋液内发生一系列化学和物理变化,使枣醋的色泽变深,香气浓郁,滋味柔和醇厚,浓度增大,质量得到进一步提高。陈酿后的醋液除去沉淀,取上清液灌装即得成品枣醋。

3. 市场前景分析

枣醋具有较高的保健作用。枣醋在生产过程中,枣果中所含有丰富的营养成分和保健成分也会进入枣醋中,一部分营养物质如碳水化合物、蛋白质等经微生物发酵形成产品的主要风味成分和新的更容易消化的营养物质,因此,枣醋兼具食醋和红枣的保健功能。我国的传统食醋大多是粮食酿造,生产枣醋不仅可节约粮食而且可充分利用残次、破碎的红枣原料,开辟红枣深加工综合利用新途径,而且增添了食醋的花色品种,同时价值远远高于普通食醋。枣醋除用发酵法生产外,还可以用浸泡法生产。即用粮食酿造食醋浸泡枣果,如用山西老陈醋为浸提液,加入10%红枣,浸泡7~10天,取上清液,并对枣渣进行压榨,合并过滤,倒缸去醋脚,即为枣香浓郁、酸甜适口的枣醋。该产品既有食醋的营养,又萃取了枣中丰富的营养成分,既可作为食醋调味,又可作为保健品兑温水冲调饮用。

七、醉 枣

1. 工艺流程

选料→清洗→涮酒→装罐(或塑料装袋)→加添加剂→密封→包装→成品

2. 制作方法

(1)选料:取全红的脆熟期鲜枣,要求不软,无裂缝,尤其要注意无虫蛀。要求摘枣,不能打枣,防止硬伤。

(2)涮酒:将选好的枣用清水洗净,晾除浮水,从50°左右的白酒中涮过。

(3)贮存:将涮过酒的枣立即放入缸、坛或无毒塑料袋中密封。密封的枣半个月后即可食用,尤其在春节吃过油腻食物后,吃几个醉枣更显甜脆、酒香鲜美。

(4)成品包装:包装可以是塑料罐、塑料袋或玻璃瓶罐。包装时要保持环境、人员、工具的洁净卫生。如果密封条件好,可以贮存12个月以上。

以上介绍了几种枣果的加工产品,如果能根据红枣的性能和特点,以及加工企业自身优势,结合市场需求进行组合,以达到红枣原料的综合利用和适销对路,红枣加工将会取得更好的经济效益。比如免洗干枣和枣汁饮料的结合,将外形好的枣果作为免洗干枣,其他枣加工饮料;红枣浓缩汁与枣膳食纤维结合,将红枣中的糖类提取浓缩,将剩余的果肉等制成膳食纤维;去核枣产品与枣醋结合,传统去核或多或少核上不同程度都带有一些果肉,一般企业加工时都作为放弃物,枣醋发酵可以充分利用这些果肉,变废为宝。

第七章 枣产品营销

第一节 产品营销的重要性

枣产品营销,对提高枣树栽培效益,增加枣农收入,促进枣业健康发展是至关重要的。枣产品和其他产品一样,只有通过市场交易,才能变成商品,实现价值,产生效益。产品若不能及时销售,就会造成积压;产品若销售不了,就会造成损失;产品若不能公平交易,就会影响生产者的利益,挫伤生产者的积极性,影响枣业的健康发展。所以,在发展枣业之前,就要先进行市场调研,从发展枣业开始,就要考虑枣产品的营销问题,把产品的营销放在重要的地位。只有搞好产品的营销,才能体现出枣的价值,提高枣树的生产效益,促进枣业的健康发展。

第二节 枣产品营销状况

20世纪80年之前,全国鲜枣产量为4.23亿千克,全国人均不足0.5千克,枣产品一直处于供不应求的状态,而且价格逐步升高,临猗梨枣每千克市价售价20元左右,有的还卖到30元以上。鲁北冬枣,产地每千克销售价100元左右。随着生产的发展,产量的快速增加,销售价格在不断发生变化。2004年,临猗梨枣产地白熟期收购价每千克下降到1.6~2元,鲁北冬枣产地收购价下降到每千克12~15元。2006年,临猗梨枣产地白熟期收购价继续下降到每千克1.2元,鲁北冬枣产地市场收购价下降到每千克3~4元。枣树发展多了,会不会出现枣多不好卖或卖不了的问题?按物以稀为贵的市场规律,不论什么产品,供不应求,价格就会上扬,供大于求,价格就会自然下跌。目前,我国枣产品以内销为主,出口外销产品所占比例很小。枣产品内销方式有下列几种:

一、专业市场销售

红枣通过专业市场销售,这是我国枣产品销售的主渠道。各产区对红枣专业市场越来越重视,为适应枣产业迅速发展,枣产品快速提高的要求,河北沧州,山东省沾化等重点枣区,建立了红枣专业交易市场,还有一些正在计划建设枣产品交易市场。下面重点介绍沧州红枣交易市场情况,以供借鉴。

沧州红枣交易市场，位于河北省沧州市西30千米处，纪晓岚故里崔尔庄。该市场建于1996年，占地面积13.47公顷（202亩），总建筑面积71015平方米，市场有封闭式交易大棚28000平方米，固定职工130人，固定资产3000多万元，有两栋综合信息服务办公楼，总建筑面积7180平方米，8栋2层商务楼，建筑面积18600平方米，高档交易大棚及辅助设施11600平方米。市场由交易区、红枣加工区、信息服务区和贮运区组成。市场常年吸引周边县、市及全国枣商，长驻商客有2000多人，是全国最大的红枣交易市场，年交易量7.5亿千克，总交易额25亿元。红枣交易市场的建立，解决了沧县30余万枣农卖枣难的问题，同时大大提升了枣的市场价格，增加了枣农的收入，受益范围达30多个县、市。集中产区人均红枣收入超过4000元，高的达8000元以上。红枣交易市场的建立，还带动了服务、包装和运输等相关产业的快速发展，解决了农村3万余人剩余劳动力的就业问题，拉动了一方经济，富裕了一方百姓。

二、枣农自己销售

大部分枣区还没有建立起规范的红枣专业交易市场，枣农生产的枣产品，一是坐等客户上门收购。二是到当地或外地集贸市场销售。三是在附近公路边销售。四是销售给当地枣加工企业等。枣农直接销售自己的枣产品，可与客商和消费者直接交易，避免中间商从中取利，符合当地和周边消费者的利益和需求，这种销售方法比较灵活，但是用的时间较长，销售数量有限，鲜枣如若当天销售不了，容易失水影响品质。

三、加工企业和经销商销售

大中型企业和经销商，在产地收购枣农的产品，经过清洗、分级、烘干和包装等工序，在全国大中城市建立销售网点，进行销售。如山东省滨州市裕华集团、河南省好想你枣业发展有限公司、陕西省清涧巨鹰枣业公司、山西省天骄枣业有限公司等实力较强，规模较大的枣企业，都在全国各地建有经销点，通过代理商、经销商和超市等多种渠道销售产品，并有部分档次较高的产品出口外销，进入国际市场。

四、互联网络销售

这是一种新型销售方式，随着互联网的普及，这种销售方式将会越来越受到重视，成为未来枣产品销售的主要方式之一。

第三节 存在问题

一、市场不健全,不规范

20世纪80年代后期以来,一度时期,全国枣业发展很快,但红枣市场建设不相适应,有不少枣区没有建立相应的红枣专业交易市场。这给枣农销售枣产品带来困难,局部枣区出现卖枣难的问题。有的枣区虽已建立红枣交易市场,为枣农销售枣产品创造了条件,但市场交易不规范,管理制度不健全,无序经营现象普遍存在。在这些地区,需要进行市场整顿,建立完善的市场管理制度,进行公平交易,文明经营,使交易双方各得其所。

二、产品质量有待提高

我国枣品种资源丰富,优良品种很多。但是,目前市场上销售的品种,一般质量的多,名优品种少。如山西稷山板枣,是著名的兼用优良品种,但多少年来市场上很少见到这个品种。随着市场经济的逐步完善,人们生活水平的逐日提高和对健康的关注,消费者呼唤无公害无污染的绿色食品。关于枣的无公害生产,近年来逐步引起重视,但市场上提供的无公害绿色枣产品还不多,即使是名优品种,真正的无公害绿色产品也很少。同时其分级、包装、烘干也不严格,这些问题不解决,将会影响市场的正常交易,也会影响枣农的利益和枣业的健康发展。

三、鲜枣贮藏和枣的深加工差距较大

鲜枣贮藏研究已取得较大进展,但目前商业性鲜枣有效贮藏期只有2~3个月,据市场所需求的供应期还有较大差距。枣的加工企业不少,枣的加工产品也很多,少数大型加工企业的加工产品有的已进入国际市场。但真正被消费者认可的功能保健型深加工、高科技含量的产品还不多,枣的营养和医疗价值是其他果类难以相比的,如能研制开发出具有红枣特色的功能保健型深加工产品来,其商机无限,价格可观。

四、宣传不够、外销量不多

枣是我国最具特色的一种果品,具有很高的营养价值和保健功能。对枣的营养和保健功能,国人早有较明确的认识。过去由于宣传不够,外国人对中国枣还缺乏认识,这也是造成出口外销量少的原因之一,如能重视对外宣传,采取多种形式,把中国的枣宣传出去,让外国人认识中国枣、了解中国枣,将为中国枣的

出口外销,奠定良好基础。

五、品牌效应有待提高

红枣是中国的国宝,栽培历史源远流长,为了提高中国枣的知名度,提高枣产品在国际市场的竞争力,提高枣的生产效益,就要创立品牌树立品牌意识。在这方面,虽然引起人们的重视,但其工作力度,离市场经济的客观要求,还有不小的差距。品牌是产品质量的象征,品牌产品是拓宽市场的金钥匙。名牌产品要严格质量要求,树立品牌良好形象,重视品牌效益,向品牌要效益。

第四节 市场预测

枣树是深受人民群众喜爱的大众化落叶果树,枣果及其加工产品是深受市场欢迎的大众化果品。自古以来,就是人们传统的营养滋补和保健食品,广大人民群众有传统的吃枣习惯,一向把枣视为一种吉祥和滋补品,民间对它早有"一日吃三枣,七十不显老""红枣留红颜,红枣养天年"的赞誉。随着人们生活水平的提高和保健意识的增强,人们的消费观念也在发生变化,食物结构必将进行改变,对营养保健型果品及其加工产品的需求量,必然会大幅度增加,因此,在国内枣果及其加工产品还有一定的市场发展空间。

枣树是我国特有的果树资源,距今已经有7000多年的历史。世界有40多个国家和地区,在不同的历史时期,通过不同的途径,引种我国的枣树,但多作为观赏和资源保存,未形成商品栽培。韩国是除我国以外唯一有枣树规模栽培的国家,据有关资料报到,韩国枣树种植面积有4000多公顷,年产枣2000万千克左右,约占世界总产量1%左右,自产的枣果尚不能自给自足。我国现在仍然是世界枣的主要生产国和唯一出口国。过去受多种因素的影响,枣出口数量仅占总产量的1%左右,出口的产品主要在华人区销售。我国参加世贸组织后,意味着枣产品出口的门户已打开,国际贸易更加自由,出口数量将会增加。业内人士预测,在今后相当长时期内,我国仍是世界枣的主要生产国和出口国,在国际市场枣的贸易中仍将占有绝对的优势,在外贸出口方面有很大的发展空间,出口创汇前景广阔。

第五节 营销策略

一、实施无公害栽培,生产安全枣产品

随着市场经济的发展和完善,人们生活水平的提高和对保健的重视,食物结构在不断地变化,对食品的质量提出新的要求,营养保健食品越来越受人们的关

注。有污染的不安全的食品,将逐步失去市场。为了适应市场和广大消费者对无公害枣果的需求,今后要改变传统的栽培方式,更新观念,实施枣树无公害栽培,肥料以有机肥、绿肥和生物肥为主,尽量控制施用化肥;枣园灌溉不能用有污染的水源,病虫害防治以人工防治、物理防治和生物防治为主,尽量控制化学农药的施用。只有生产出真正的无公害枣果,才能适应市场和消费者的需求,提高枣树的生产效益。

枣树实施无公害栽培,生产无公害绿色产品,近年来已逐步引起重视。山东省裕华集团有1467公顷(2.2万亩)冬枣园,该集团很重视冬枣的无公害栽培,严格按照标准化生产的要求进行管理,通过层层严格把关,生产的"雁来红"冬枣(商品名)经农业部食品监督检验测试中心对64项综合指标的检测,全部符合绿色食品的标准,特别对绿色食品规定的20多项农药残留和有重金属指标的检测,雁来红冬枣自2002年起,连续5年被中国绿色食品发展中心审核认定为"绿色食品"A级产品。2005年被中国果品流通协会评定为"中华名果"。"雁来红"冬枣,实施了无公害栽培,深受广大消费者的欢迎,并已走出国门,受到法国等外国客商的好评。

河北沧县是全国著名的金丝小枣之乡。全县鲜枣产量名列全国第一。为了发展高产、优质、低耗、高效、生态、安全的枣业,2004年该县在崔尔庄基地333公顷(5000亩)枣园推广了南京农业大学农药残留降解技术。首先对土壤进行修复,然后对果实生长全过程进行修复,最终使枣果达到绿色A级国家标准。2006年农业部启动实施"农产品质量安全绿色行动"和"生态家园富民行动"等九大行动,沧县红枣协会积极贯彻落实,2006年3月21日促成了欧亚枣业有限公司和沧州回族乡策城村红枣协会,签订了绿色红枣产购合同协议,协议明确规定欧亚公司以高出市场同级产品0.1元的价格全部收购策城村达到绿色A级标准的金丝小枣,合同一签3年。在南京农业大学科技人员的指导下,沧州绿色红枣基地建设和金丝小枣提质工程在实施中。

二、建设红枣规范市场

重点枣区县(市、区),要建立红枣交易市场,解决枣的营销问题。红枣交易市场是连接红枣生产和消费的桥梁,在重点产区建设红枣交易市场,对加快枣产品的流通速度,满足消费者对枣产品的需求,体现枣产品的真实价值,提高枣树的生产效益,具有现实意义。红枣交易市场要建在交通较方便的地方,市场规模大小,根据具体情况而定。市场不论大小,都要进行规范管理。要建立产品进货检查验收制度,严防假、冒、伪、劣产品进入市场。需采取科学有效措施,确保买卖双方在市场上公平交易。要维护生产者、经营者和消费者的利益,在产品交易中,按市场规律和贸易规则,进行价格竞争,在价格竞争中,要按质定价,体现优质优价、分等论价的原则,要严防产品销售中的虚假广告和价格欺诈,恶意压价等行为。市场管理部门要搞好各项服务工作,为产品交易双方创造条件,提供方便。交易市场还要建立监督制度,虚心听取群众意见,妥善解决交易中出现的各种问题,不断完善市场管理制度,不断提高管理质量,不断提高市场经济效益。

三、建立联合组织,适应市场需求

现在是市场经济体制,市场经济是激烈竞争的经济,是集团化占优势的经济,现行的家庭联产承包制,一家一户就是一个生产单位,这种生产体制没有规模的优势,形不成强大的市场竞争力。要获得理想的经济效益是不可能的,一家一户,各自为政,势单力薄,难以和市场接轨,即使有好的产品,也卖不上好价钱。

为了适应市场经济的需求,必须建立农工商、产供销一体化的产业化格局,走组织起来的集团发展之路,以村、乡或联村建立枣业协会和枣业合作社。合作社以生产为主,也可以生产、加工、销售一体化发展,形成集团优势。根据实际需要,组建自己的营销队伍和销售网点,主动走出去销售自己的产品,要改变坐等客户上门收购,任人压价的被动局面。重点枣产区,在政府的协调下,可建立"枣业集团公司",集团公司以龙头企业为核心,吸收枣农协会,枣业合作社和枣加工企业参加,形成实力强大,互惠互利的利益共同体。只有走组织联合起来的道路,才能适应市场经济发展的需求,提高产品的市场竞争力,在激烈的市场竞争中站稳脚跟,立于不败之地,提高枣树的生产效益。

四、提高产品质量,开拓国际市场

我国是世界上枣的主要生产国,目前全国鲜枣产量已达30亿千克以上。枣是我国传统的出口农产品之一,也是国际市场上具有竞争力的特色产品之一。市场竞争是无情的,为了使枣产品能尽快占领国际市场,在开拓国际市场时,要注意以下问题。

(一)提高枣产品质量

加入世贸组织后,出口渠道虽然畅通,但国际市场,特别欧美市场,对产品质量要求较严,枣产品要想开拓国际市场,扩大出口数量,必须提高枣产品质量。当今世界,消费者对产品质量的要求越来越高,对无公害的绿色农产品越来越青睐,这也是未来发展的必然趋势。因此,要树立以质量求发展,以质量求效益,以质量求提高市场竞争和占有率的观念。要严把质量关,在品质、外观和包装等各个方面都要符合国际市场要求。

(二)搞好鲜枣贮藏和枣果深加工

枣业的迅速发展,枣果贮藏保鲜技术的不断提高,鲜枣有效保鲜期已达3个月左右,这对实现鲜枣周年供应起到了积极的促进作用,在现有的基础上,力求鲜枣贮藏技术有新的突破，延长鲜枣的周年供应期。

我国现有的出口枣产品多以加工产品为主，但深加工产品所占比例较少。虽然有大型枣加工企业的产品已打入国际市场，但占有率不高，特别是集营养价值和医疗价值为一体的功能保健型深加工枣产品亟待研发，以高档次深加工特色产品参与国际竞争，占领国际市场，是今后发展的方向。

(三) 加强对外宣传

世界上有 40 多个国家和地区，通过不同途径，引进我国的枣树资源，但只有韩国有小规模栽培，绝大多数外国人对我国的红枣了解甚少。过去我国枣产品之所以出口数量少，除与质量、包装等因素外，对外宣传力度不够，也是重要原因之一。今后应采取多种方法，利用一切机会，大力宣传我国的枣产品，让中国红枣产品走出国门，享誉世界。

附　　录

一、枣树无公害高效栽培实用技术周年管理历

月　份	节　气	物候期	主要管理技术要点
1~2月	小寒至雨水	休眠期	刮树皮、涂白、消灭枣黏虫、红蜘蛛等越冬害虫
			冬季修剪,结合剪除龟蜡蚧、黄刺蛾等害虫
			采集接穗,及时蜡封冷贮备用
			组织技术培训,制定全年实用技术管理计划
			准备肥料、农药、地膜、种子、器具等物资
3月	惊蛰至春分	休眠期	冬季修剪,结合采集接穗和剪除病虫害枝
			对枣树喷3°~5°波美石硫合剂
			在树干基部绑塑料布和堆土,防止枣尺蠖雌蛾上树产卵
			树干中上部涂粘虫胶,防治红蜘蛛、绿盲虫等害虫
			土壤解冻后补施基肥
4月	清明至谷雨	萌芽前后	枣苗出圃,栽植枣树
			根蘖苗归圃,播种酸枣苗
			酸枣苗嫁接、枣树高接换种
			枣园间作物和绿肥播种
			枣树追肥、灌水
			树上和地面喷药,防治食芽象甲等害虫
			枣园安装诱蛾灯,输液防治枣疯病
5月	立夏至小满	枝叶生长和初花期	枣苗嫁接、野生酸枣接大枣
			枣树高接换种
			枣树夏季修剪
			苗圃地、间作物和绿肥作物管理
			枣树叶面喷施0.3%~0.5%尿素
			枣树喷布25%灭幼脲3号2000~2500倍液,或25%溴氰菊酯2500~3000倍液,防治枣尺蠖、枣黏虫、食芽象甲、枣瘿蚊等害虫

(续)

月份	节气	物候期	主要管理技术要点
6月	芒种至夏至	开花坐果期	枣树夏季修剪
			喷施促花坐果剂,结合喷施0.3%~0.5%尿素叶面肥
			干旱高温时,早晚树冠喷水,2天1次,喷3~4次
			枣园追肥、灌水、中耕除草
			枣园放蜂,帮助授粉,提高坐果率
			解除嫁接苗包扎物,高接换种树和野生酸枣接大枣,除萌蘖、松绑、立支柱防风害
			枣树喷25%灭幼脲3号2500~3000倍液,防治桃小食心虫、红蜘蛛、黄刺蛾和枣黏虫等多种害虫
			喷75%百菌清800倍液,防治枣缩果病、炭疽病
			树干第二次涂粘虫胶
7月	小暑至大暑	幼果期	苗圃地间作物和绿肥作物管理
			枣园追肥、灌水、中耕除草和压绿肥
			喷1.8%阿维菌素5000~6000倍液,防治桃小食心虫、红蜘蛛、龟蜡蚧等害虫,结合喷0.2%~0.3%磷酸二氢钾
			枣树喷1:2:200波尔多液,或25%粉锈宁1000~1500倍液防治枣锈病
8月	立秋至处暑	果初生长期	枣树喷1:2:200波尔多液,或75%百菌清800倍液,防治枣锈病、炭疽病和缩果病
			喷1.8%阿维菌素5000~6000倍液,防治桃小食心虫、红蜘蛛等害虫,喷75%百菌清800倍液,防缩果病,结合喷0.3%磷酸二氢钾
			枣园挂桃小食心虫性诱剂诱杀雄蛾并进行测报
			枣园中耕除草、压绿肥
			枣果白熟期采收加工蜜枣
9月	白露至秋分	果实成熟期	树干和主枝束草,诱集枣黏虫等越冬害虫
			摘除树上病虫果和捡拾树下病虫落果,集中处理
			白熟期枣果采收加工蜜枣,半红期鲜枣,种采收贮藏保鲜,脆熟期枣果采收,用于鲜食或加工酒枣,完熟期采收,加工制干
			间作物收获,枣园间作冬小麦播种
			枣果销售

(续)

月份	节气	物候期	主要管理技术要点
10月	寒露至霜降	晚熟品种成熟期和落叶期	晚熟品种半红期采收,贮藏保鲜,脆熟期采收用于鲜食或加工酒枣,完熟期采收加工制干
			摘拾树上病虫果和拾树下病虫果,进行处理
			秋施基肥,秋耕枣园和翻树盘
			苗木出圃,秋栽枣树
			枣果销售
11月	立冬至小雪	休眠期	清除枣园枯枝、落叶和病虫害果
			秋耕枣园、秋施基肥、秋翻树盘
			枣园和苗圃地浇越冬水
			苗木出圃,秋栽枣树
			清除树干和主枝上的束草,烧毁处理
			清除枣疯病枝和病树
12月			刮树皮、涂白、消灭越冬虫害
			枣果和加工产品销售
			进行枣树冬季修剪
			组织实用技术培训
			全年技术工作总结

二、枣树无公害生产主要病虫害常用农药

(一)杀虫剂	(二)杀菌剂
1. 石硫合剂	1. 石硫合剂
2. BT乳剂(苏云金杆菌)	2. 波尔多液
3. 阿维菌素乳油	3. 百菌清可湿性粉剂
4. 灭幼脲3号	4. 多菌灵可湿性粉剂
5. 溴氰菊酯(敌杀死)乳油	5. 粉锈宁(三唑酮)可湿性粉剂
6. 西维因可湿性粉剂	6. 甲基托布津可湿性粉剂
7. 柴油乳剂	7. 退菌特可湿性粉剂
8. 吡虫啉可湿性粉剂	8. 农用土霉素
9. 螨死净(阿波罗)悬浮剂	9. 农用链霉素
10. 卡死克乳油	10. 河北农大祛疯1.2.4.8号

三、枣树无公害生产主要病虫害对症用药

(一)主要病害

1. 枣疯病:土霉素、农用链霉素、河北农大祛疯1.2.4.8号
2. 枣锈病:1∶2∶200波尔多液、25%粉锈宁、50%退菌特
3. 炭疽病:石硫合剂、波尔多液、50%多菌灵、75%百菌清
4. 缩果病:石硫合剂、75%百菌清、农用土霉素、农用链霉素

(二)主要虫害

1. 枣尺蠖:25%灭幼脲3号,2.5%溴氰菊酯(敌杀死),杀螟杆菌、青虫菌
2. 枣黏虫:25%灭幼脲3号,2.5%溴氰菊酯
3. 桃小食心虫:2.5%溴氰菊酯,25%灭幼脲3号,1.8%阿维菌素
4. 食芽象甲:2.5%溴氰菊酯,50%西维因
5. 山楂叶螨:石硫合剂,25%灭幼脲3号,1.8%阿维菌素,螨死净(阿波罗)悬浮剂
6. 枣瘿蚊:25%灭幼脲3号,2.5%溴氰菊酯
7. 绿盲蝽:25%灭幼脲3号,2.5%溴氰菊酯,6%吡虫啉
8. 枣龟蜡蚧:柴油乳剂,50%西维因,苏云金杆菌、青虫菌
9. 黄刺蛾:25%灭幼脲3号,2.5%溴氰菊酯,杀螟杆菌、青虫菌
10. 黑绒金龟:25%灭幼脲3号,2.5%溴氰菊酯
11. 大青叶蝉:25%灭幼脲3号,2.5%溴氰菊酯
12. 棉铃虫:25%灭幼脲3号,2.5%溴氰菊酯

四、国家禁止使用的化学农药

国家已禁止使用的化学农药如下:

砷酸钙、砷酸铅、甲基砷酸锌、甲基砷酸铁氨(田安)、福美甲砷、福美砷、薯瘟锡、三苯基氯化锡、西力生、赛力散、氟化钙、氟乙酸钠、氟乙酰胺、氟铅酸钠、素菌钠、氟硅酸钠、DDT、六六六、林丹、艾氏剂、狄氏剂、三氯杀螨醇、三溴乙烷、甲拌磷、对硫磷、甲基对硫磷、甲胺磷、甲基异柳磷、氧化杀果、氧化菊酯、磷胺、稻瘟净、克百威、异稻瘟净、二溴氯丙烷、久效磷、涕灭威、灭多威、杀虫脒、五氯硝基苯、稻瘟醇、除草咪、草枯咪、甲敌粉、1605、3911。

五、国家不再核准登记的部分农药

1997年,我国又决定限制近百种农药的生产,并不予办理登记手续。国家不再核准登记的农药,杀虫剂中有灭扫利、速灭沙丁、灭百可等菊酯类农药,乐果、美曲膦酯、辛硫磷、溴白磷、马拉硫磷和杀螟硫磷等;杀菌剂中有代森猛锌、福美双、炭疽福美和乙膦铝等;除草剂中有五氯酸钠、草甘膦、丁草胺、二甲四氯等;激素类药剂有助壮素、乙烯利、赤霉素(九二〇)和多效唑(PP3333)等;熏蒸杀虫剂有磷化铝、氯化苦和溴甲烷等。

国家《农药管理条例》规定:任何单位和个人不得生产未取得农药生产许可证或生产批准文件的农药。任何单位或个人不得生产、经营、进口或使用未取得农药登记或农药临时登记的农药。未经农业部登记、化工部批准产的农药,其生产、跨省(自治区、直辖市)经营、销售、广告

宣传都是违法的。现在市场上出售的许多农药仅有省、市级地方的准产证和登记证这类农药只可在发证准产和登记地的区域内使用。不经主管部门认可到区外销售也是违法的。

六、石硫合剂、波尔多液和涂白剂的配置

(一) 石硫合剂

石硫合剂防病又防虫，不产生抗性，可连续使用，对于各种病虫害有很好的防治效果。

1. 配制方法

石硫合剂由生石灰、硫黄粉和水配制而成。其配比是：生石灰1份、硫黄粉2份，水12份。先把水在铁锅内烧温，硫黄粉用温水调成糊状，倒入锅内搅匀，加温煮沸。再将生石灰分次放入锅内，搅拌40~60分钟，药液呈棕红色时停火，自然冷却的液体即为石硫合剂。用波美比重计测量度数后装入容器内。在液面放上少许柴油，使药液与空气隔绝，将容器口密封放到冷凉避光处备用。

2. 注意事项

（1）配置石硫合剂的原料质量要好，生石灰要选用新烧制的白色块状生石灰，硫黄粉要细，水要用含矿物质少的清洁软水。

（2）熬制过程中火力要稍大而均匀，药液始终保持沸煮状态。

（3）石硫合剂腐蚀性强，使用时要避免与皮肤和衣服接触，并戴好防护面具，喷药后要及时用肥皂洗手脸，喷药器具要及时用清水洗净晾干后保存。

（4）石硫合剂不能与忌碱的药物混用。与波尔多液交替使用，其间隔时间要在十五天以上。

（5）枣树休眠期使用浓度3~5度，生长期使用浓度0.3~0.5度，夏季气温30℃以上是不宜喷石硫合剂，以免发生药害。

(二) 波尔多液

是一种对病菌不产生抗性，可长期连续使用的保护性杀菌剂，是防治果树病害应用最广泛的药剂之一，对枣锈病有很强很好的预防效果。

1. 配置方法

波尔多液由生石灰、硫酸铜和水按一定比例配制而成，有效成分为碱式硫酸铜，呈微碱性，基本不溶于水，以极小的颗粒悬浮于药液中。喷在植物上附着力好，不易被雨水冲刷，能抑制病菌的萌发和侵染。波尔多液持效期较长，一般达两周以上。枣树上波尔多液常用浓度为：硫酸铜0.5千克，生石灰1千克，水100升。配置时把水等量分装在非金属容器中，一个容器溶解硫酸铜，一个容器溶解生石灰，然后将两种溶液同时缓缓倒入另一个容器中，边倒边搅拌，形成天蓝色液体即为波尔多液。

2. 注意事项

（1）配制波尔多液的原料质量要好。硫酸铜要用蓝色而有光泽的结晶体，生石灰要用烧制不久的白色块状生石灰，水要用清洁的软水。

（2）波尔多液要现配现用不能存放。

（3）配置波尔多液不能用金属容器，以防发生化学反应。用量小可用木制或塑料容器。用量大可建专用的水泥池。

(4)波尔多液不能与碱性农药混用。与石硫合剂交替使用,其间隔时间应在15天以上。

(5)在阴雨和有露水天气时不能喷波尔多液,以免发生药害,喷药后遇到下雨,雨后要及时补喷。

(三)涂白剂

枣树主干涂白可防止树皮内隐藏的病菌和害虫,并可防治和减轻日灼和冻害。

涂白剂配制比例是:生石灰2份、石硫合剂2份、食盐1~2份、黏土2份、水是36份。先用水化开石灰滤去渣子,倒入已化开的食盐水中。依次放入石硫合剂和黏土,按比例加水,搅拌均匀,即为涂白剂。食盐主要潮湿作用,石硫合剂可预防越冬病害虫,黏土主要起粘着作用,也可放少许洗衣粉。涂白次数以两次为好,第一次在落叶后至土壤封冻前。第二次在翌年3月上旬。涂白前先把树黑皮刮去,涂白部位主干、树杈和主枝基部为主。为防野兔啃食危害树皮,可在涂白剂内放一些兔的新鲜粪尿。

七、石硫合剂原液稀释倍数表

稀释深度(波美度)	0.1	0.2	0.3	0.4	0.5	1	2	3	4	5
原液深度(波美度)					加 水 倍 数					
19	217.5	108.17	71.73	53.51	42.58	20.71	9.78	6.14	4.32	3.22
20	230.48	114.84	76.77	56.84	45.24	22.04	10.44	6.57	4.64	3.48
21	244.39	121.61	80.69	60.22	47.94	23.39	11.10	7.02	4.84	3.74
22	253.17	128.50	85.27	63.66	50.69	24.76	11.79	7.47	5.30	4.01
23	272.17	135.49	89.93	67.15	53.48	26.15	12.48	7.92	5.65	4.28
24	286.11	142.60	94.67	70.70	56.32	27.56	13.18	8.39	5.99	4.55
25	300.87	149.83	99.49	74.31	59.21	29.00	13.90	8.86	6.34	4.83
26	315.59	157.19	104.38	77.98	62.14	30.46	14.62	9.34	6.70	5.12
27	330.55	164.66	109.36	87.72	45.13	31.95	15.36	9.83	7.07	5.41
28	345.77	172.27	114.43	85.51	68.16	33.46	16.11	10.33	7.44	5.70
29	361.25	180.00	119.58	89.38	71.25	35.00	16.88	10.83	7.81	6.00
30	377.00	187.87	124.83	93.30	24.39	36.57	17.65	11.35	8.20	6.30

八、大红枣等级规格质量国家标准(GB5835—1986)

等级	果形和个头	品质	损伤和缺点	含水率
一等	果形饱满,具有本品种应有的特征,个头均匀	肉质肥厚,具有本品种应有的色泽,身干,手握不粘果,杂质不超过0.5%	无霉烂、浆头,无不熟果、无病虫果、破头不超过5%	不高于25%

（续）

等级	果形和个头	品质	损伤和缺点	含水率
二等	果形良好，具有本品种应有的特征，个头均匀	肉质肥厚，具有本品种应有的色泽，身干，手握不粘果，杂质不超过0.5%	无霉烂，允许浆头不超过3%，不熟果不超过3%，病虫果、破头两项各不超过5%	不高于25%
三等	果形正常，个头不限	肉质肥厚不均，允许有10%的果实色泽稍浅，身干，手握不粘果，杂质不超过5%	无霉烂，允许浆头不超过5%，不熟果不超过5%，破头不超过15%，虫果不超过5%	不高于25%

九、小红枣等级规格质量国家标准（GB5836—1986）

等级	果形和个头	品质	损伤和缺点	含水率
特等	果形饱满，具有本品种应有的特征、个头均匀，金丝小枣每千克不超过300粒	肉质肥厚，具有本品种应有的特征，身干，手握不粘果，杂质不超0.5%	无霉烂、浆头、无不熟果，无病虫果、破头、油头两项不超过3%	金丝小枣不高于28%，鸡心枣不超过25%
一等	果形饱满，具有本品种应有的特征，个头均匀，金丝小枣每千克不超过300粒，鸡心枣每千克不超600粒	肉质肥厚，具有本品种应有的色泽，身干，手握不粘果，杂质不超过0.5%，鸡心枣允许肉质肥厚度较低	无霉烂、浆头、无不熟果，无病虫果、破头、油头两项不超过5%	金丝小枣不高于28%，鸡心枣不超过25%
二等	果形良好，具有本品种应有的特征，个头均匀，金丝小枣每千克不超过680粒	肉质肥厚，具有本品种应有的色泽，身干，手握不粘果，杂质不超过0.5%	无霉烂、浆头、无不熟果，无病虫果、破头、油头两项不超过10%（其中病虫果不超过5%）	金丝小枣不高于28%，鸡心枣不超过25%
三等	果形正常，具有应有的特征，每千克果数不限	肉质肥厚不均，允许有不超过10%的果实色泽稍浅，身干，手握不粘果，杂质不超过0.5%	无霉烂、浆头、无不熟果，无病虫果、破头、油头两项不超过15%（其中病虫果不超过5%）	金丝小枣不高于28%，鸡心枣不超过25%

参 考 文 献

1. 曲泽州,王永惠. 中国果树志·枣卷[M]. 北京:中国林业出版社,1993.
2. 刘孟军,汪民. 中国枣种质资源[M]. 北京:中国林业出版社,2009.
3. 李登科,牛西午,田建保. 中国枣品种资源图鉴[M]. 中国农业出版社,2013.
4. 续九如. 枣树良种选育与高效栽培新技术[M]. 北京:中国农业出版社,2013.
5. 张志善. 枣树良种引种指导[M]. 北京:金盾出版社,2003.
6. 张志善,等. 枣无公害高效栽培[M]. 北京:金盾出版社,2004.
7. 张志善. 怎样提高枣栽培效益[M]. 北京:金盾出版社,2007.
8. 中国农业科学院果树研究所郑州分所. 枣树病虫害防治[M]. 郑州:河南人民出版社,1996.
9. 冯建国,等. 无公害果树生产技术[M]. 北京:金盾出版社,2001.
10. 武之新. 枣树优质丰产实用技术问答[M]. 北京:金盾出版社.2001.